기후 변화, 돌이킬 수 없는가

지속가능성 시리즈❸

기후 변화, 돌이킬 수 없는가

모집 라티프 지음 | 오철우 옮김

유네스코한국위원회 · 한국과학창의재단 · 에너지관리공단 공동 기획

도서출판 길

지속가능성 시리즈 ❸
기후 변화, 돌이킬 수 없는가

2010년 12월 15일 제1판 제1쇄 찍음
2010년 12월 30일 제1판 제1쇄 펴냄

지은이 | 모집 라티프
옮긴이 | 오철우
펴낸이 | 박우정

기획 | 유네스코한국위원회 · 한국과학창의재단 · 에너지관리공단
편집 | 이남숙

펴낸곳 | 도서출판 길
주소 | 135-891 서울 강남구 신사동 564-12 우리빌딩 201호
전화 | 02)595-3153 팩스 | 02)595-3165
등록 | 1997년 6월 17일 제113호

ISBN 978-89-6445-019-2 04500

* 이 책은 한국과학창의재단과 에너지관리공단의 지원을 받아 출판되었습니다.

지속가능성 시리즈 한국어 판 발간에 부쳐

온실가스의 급증으로 야기된 전 지구적 기후 변화
점차 고갈되어 가는 천연자원을 둘러싼 국제 분쟁
급증하는 세계 인구와 하루 소득 1.25달러 미만의 절대빈곤 인구
멸종 위험에 처한 전 세계 동식물종
세계경제를 위협하는 국제 유가의 급등락
……

21세기 들어 인류는 더욱더 빈번하게 기후 변화, 에너지 고갈과 경쟁, 빈곤, 인구 문제와 식량 부족, 물 부족과 오염, 생물다양성 위기, 선진국과 저발전국의 격차 확대, 세계 금융 위기 등과 같은 전 지구적 도전과 위협에 직면하고 있습니다. 이들은 직접적으로는 인류의 지속가능성에 대한 도전이면서 더 근본적으로는 인류가 한 부

분을 차지하고 있는 우리의 행성 지구와 거기에서 사는 모든 존재들의 현재와 미래에 대한 위협이라 할 수 있을 것입니다.

현재 우리가 부닥치고 있는 전 지구적 도전은 과거 우리가 대비하도록 교육받았던 문제들과는 질적으로 다른 차원에 위치해 있습니다. 한 지역 또는 한 국가 차원에서는 넘어설 수 없는, 기존의 분과학문의 벽을 허물지 않고서는 해결하기 어려운 과제들입니다. 그 해결의 열쇠는 우리 모두가 그동안 유지해 온 기존의 삶의 방식에 대한 근본적인 성찰을 바탕으로 인종과 문화, 종교와 국적의 차이를 뛰어넘어 힘과 지혜를 모으는 데 있습니다.

이러한 문제의식 속에서 국제 사회는 1992년 리우 선언과 2000년 새천년발전목표MDGs, 2002년 지속가능발전교육 10년(2005~2014) 등을 선포함으로써 지속가능한 세계를 만들기 위한 인류 공동의 노력을 기울여왔으며, 특히 유엔의 교육과학문화 전문 기구인 유네스코는 지속가능발전교육 10년 사업의 선도 기구로서 지속가능성에 대한 인류의 이해와 인식을 높이고 실천 방안들을 제시하는 다양한 교육 프로그램들을 개발해 왔습니다. 우리 한국도 그동안 국내에서 수행해 온 정부와 민간 차원의 다양한 지속가능발전 노력과 그 성과들을 기반으로 2009년 유네스코지속가능발전교육한국위원회를 설치, 더욱 체계적이고 파급력 있는 활동을 펼치고 있습니다.

이번에 유네스코한국위원회와 에너지관리공단, 한국과학창의재단, 이 세 기관이 힘과 뜻을 모아 한국어로 번역 발간하는 '지속가능성 시리즈'(총 12권)는 바로 이러한 노력의 일환입니다. 2007년 독일에서 처음 발간되어 지속가능성에 대해 기대 이상의 대중적 관심과 반향을 불러일으킨 이 시리즈는 에너지, 기후 변화, 식량, 물, 질병, 생물다양성, 바다, 인구, 국제 정치 등 인류가 당면한 과제를 주제별로 조명하면서도 동시에 그들 사이의 상호연관성을 유기적 시스템으로서의 지구라는 전체적인 관점에서 천착하고 있다는 점에서 지속가능성 분야의 가장 체계적이면서 독보적인 저작의 하나로 꼽을 수 있을 것입니다. 특히 관련 분야 전문가는 물론 일반 독자들도 쉽게 읽고 이해할 수 있도록 서술되었을 뿐만 아니라 각 권마다 주제와 관련된 흥미롭지만 결코 간과해서는 안 될 다양한 사례들을 제시하고 있다는 점에서 국내에서는 보기 드문 지속가능성 종합 교재라 할 수 있을 것입니다.

아무쪼록 올해 우선 번역 발간되는 『우리의 지구, 얼마나 더 버틸 수 있는가』, 『에너지 위기, 어떻게 해결할 것인가』, 『기후 변화, 돌이킬 수 없는가』 등 세 권을 통해 국내 지속가능성 이해와 논의가 활성화되고 대중의 참여와 실천이 확대되기를 희망하며, 특히 일반 독자는 물론 에너지 · 기후 변화 이슈의 전문가를 양성하고 미래 세대의 교육 활동에 종사하는 기관 · 단체에서도 널리 활용될 수 있기를 기대합니다. 이 책들이 한국 독자들의 지속가능성 의식을 깨우는 '탄광 속의 카나리아'가 되기를 바라며 관심 있는 여러분들의 일독을 권합니다.

끝으로, 어려운 출판 환경 속에서도 흔쾌히 출판을 맡아주신 도서출판 길 박우정 사장님과, 텍스트를 정확하고 매끄러운 우리말로 담

아주신 옮긴이 여러분들께 깊은 감사를 드립니다.

2010년 10월

유네스코한국위원회 사무총장 전택수

에너지관리공단 이사장 이태용

한국과학창의재단 이사장 정윤

엮은이 서문

지속가능성 프로젝트

이 시리즈의 독일어 판은 예상을 훌쩍 뛰어넘는 판매고를 기록했다. 언론의 반응도 호의적이었다. 이 두 가지 긍정적 지표로 보건대 이 시리즈가 일반 독자들도 쉽게 이해할 수 있는 언어로 적절한 주제를 다루고 있음을 알 수 있다. 이 책이 광범위한 주제를 포괄하면서도 과학적으로 엄밀할뿐더러 일반인도 쉽게 접근할 수 있는 언어로 씌었다는 점은 특히 주목할 만하다. 이것은 사람들이 아는 것을 실천함으로써 지속가능한 사회로 나아가는 데 정말이지 중요한 선결 요건이기 때문이다.

이 책의 일차분이 출간된 직후인 몇 달 전, 나는 유럽의 주변 국가들로부터 영어 판을 출간해 더 많은 독자가 이 책을 접할 수 있게 했으면 좋겠다는 이야기를 들었다. 그들은 이 시리즈가 국제적인 문제를 다루고 있느니만큼 될수록 많은 이들이 이 책을 읽고 지식을 바탕으로 토론하고 국제 차원에서 실천할 수 있도록 해야 한다고 역설했다. 한 국제회의에 파견된 인도 · 중국 · 파키스탄의 대표들이 비슷한 관심을 표명했을 때 나는 마음을 굳혔다. 레스터 R. 브라운 Lester R. Brown이나 조너선 포리트 Jonathan Porritt 같은 열정적인 이들은 일반 대중이 지속가능성 개념에 유의하도록 이끌어준 인물이다. 나는 이 시리즈가 새로운 개념의 지속가능성 담론을 불러일으킬 수 있으리라 확신한다.

내가 독일어 판 1쇄에 서문을 쓴 지도 어언 2년이 지났다. 그 사이 우리 지구에서는 지속불가능한 발전이 유례 없이 난무했다. 유가는 거의 세 배까지 올랐고, 산업용 금속의 가격도 걷잡을 수 없이 치솟았다. 옥수수 · 쌀 · 밀 같은 식량 가격이 연일 최고치를 경신한 것도 뜻밖이었다. 이 같은 가격 급등 탓에 중국 · 인도 · 인도네시아 · 베트남 · 말레이시아 같은 주요 발전도상국의 안정성이 크게 흔들리리라는 우려가 전 지구적 차원에서 짙어지고 있다.

지구 온난화에 따른 자연재해도 잦아지고 심각해졌다. 지구의 여러 지역이 긴 가뭄을 겪고 있으며, 그로 인한 식수 부족과 흉작에 시달리고 있다. 그런가 하면 세계의 또 다른 지역에서는 태풍과 허리케인으로 대규모 홍수가 나 지역민들이 커다란 고통에 빠져 있다.

거기에다 미국 서브프라임 모기지 위기로 촉발된 세계 금융 시장의 혼란까지 가세했다. 금융 시장 혼란은 세계 모든 나라들에 영향을 끼쳤으며, 불건전하고 더러 무책임하기까지 한 투기가 오늘의 금융 시장을 어떻게 망쳐놓았는지 생생하게 보여주었다. 투자자들이 자본 투자에 따른 단기수익성을 과도하게 노린 바람에 복잡하고 음습한 금융 조작이 시작되었다. 기꺼이 위험을 감수하려는 무모함 탓에 거기 연루된 이들이 모두 궤도를 이탈한 듯 보인다. 그렇지 않고서야 어떻게 우량 기업이 수십 억 달러의 손실을 입을 수 있었겠는가? 만약 각국의 중앙은행들이 과감하게 구제에 나서 통화를 뒷받침하지 않았더라면 세계경제는 붕괴하고 말았을 것이다. 공적 자금 사용이 정당화될 수 있는 것은 오로지 이러한 환경에서뿐이다. 따라서 대규모로 단기 자본 투기가 되풀이되는 사태를 서둘러 막아야 한다.

이 같은 발전의 난맥상으로 미루어볼 때 지속가능성에 관해 논의해야 할 상황은 충분히 무르익은 것 같다. 천연자원이나 에너지의 무분별한 사용이 심각한 결과를 초래하며, 이는 미래 세대에만 해당하는 일이 아니라는 사실을 점점 더 많은 이들이 자각하고 있다.

2년 전이라면 세계 최대의 소매점 월마트가 고객과 지속가능성에 관해 대화하고 그 결과를 실행에 옮기겠다고 약속할 수 있었겠는가? 누가 CNN이 「고잉 그린」Going Green 같은 프로그램을 방영할 수 있으리라고 생각이나 했겠는가? 세계적으로 더 많은 기업들이 속속 지속가능성이라는 주제를 주요 전략적 고려 사항으로 꼽고 있다. 우리는 이 여세를 몰아 지금 같은 바람직한 발전이 용두사미에 그치지 않고 시민 사회의 주요 담론으로 확고히 자리 잡을 수 있도록 해야 한다.

하지만 개별적인 다수의 노력만으로는 지속가능한 발전을 이룰 수 없다. 우리는 우리 자신의 생활양식과 소비 및 생산 방식에 근본적이고 중대한 질문을 던져야 하는 상황에 놓여 있다. 에너지나 기후 변화 같은 주제에만 그치지 않고, 미래 지향적이고 예방적으로 지구 전체 시스템의 복잡성을 다루어야 하는 것이다.

모두 열두 권에 달하는 이 시리즈의 저자들은 우리가 지구 생태계를 파괴함으로써 어떤 결과에 이르렀는지를 종전과는 다른 각도에서 조망하고 있다. 그러면서도 지속가능한 미래를 일굴 수 있는 기회는 아직 많이 남아 있다고 덧붙인다. 하지만 그러려면 지속가능한 발전이라는 원칙에 입각해 올바로 실천할 수 있도록 우리의 지식을 총동원해야 한다. 지식을 행동으로 연결시키는 조치가 성과를 거두려면 모든 이들을 대상으로 어렸을 적부터 광범위한 교육을 실시해야 한다. 미래에 관한 주요 주제를 학교 교육 과정에서 다뤄야 하고, 대학생은 지속가능한 발전에 관한 교양 과정을 필수적으로 이수하게 해야 한다. 남녀노소를 불문하고 모든 이들에게 일상적으로 실천할 기회를 마련해 주어야 한다. 그래야 스스로의 생활양식에 대해 비판적으로 사고하고 지속가능성 개념에 기반해 바람직한 변화를 도모할 수 있다. 우리는 책임 있는 소비자행동을 통해 지속가능한 발전으로 나아가는 길을 기업들에게 보여주어야 하며, 여론 주도층으로서 영향력을 행사하면서 적극 나서야 한다.

바로 그러한 이유에서 내가 몸담고 있는 책임성포럼Forum für Verantwortung과 ASKO유럽재단ASKO Europa Foundation, 유럽아카데미 오첸하우젠European Academy Otzenhausen이 협력해, 저명한 '부퍼탈기후환경에너지연구소' Wuppertal Institute for Climate, Environment and Energy가 개발한 열두 권의 책과 함께 볼 만한 교육용자료를 제작했다. 우리는 프로그램을 확대해 세미나를 진행하고 있는데, 초창기의 성과는 매우 고무적이다. 일례로 유엔은 '지속가능발전교육' Educaton for Sustainable Developement; ESD이라는 10개년 프로젝트를 진행하기로 했다. 이 같은 '지속가능성 확산' 운동이 순조롭게 진행됨에 따라 객관적인 정보나 지식에 대한 대중의 관심과 수요는 날로 늘 것으로 보인다.

기존 내용을 보완하느라 심혈을 기울이고 애초의 독일어 판을 좀 더 세계적인 맥락에 맞도록 손봐 준 지은이들의 노고에 감사드린다.

통찰력 있고 책임감 있는 실천

"우리 인간은 제2의 세계를 창조할 수 있는 신, 즉 초월적 존재가 되어가는 중이다. 자연계를 그저 새로운 창조를 위한 재료쯤으로 써먹으면서 말이다."

이것은 정신분석학자이자 사회철학자 에리히 프롬Erich Fromm이 쓴 『소유냐 존재냐』(1976)에 나오는 경고문으로, 우리 인간이 과학 기술에 지나치게 경도된 나머지 빠지게 된 딜레마를 잘 표현하고 있다.

자연을 이용하기 위해 자연에 복종한다는 우리의 애초 태도("아는 것이 힘이다.")는 자연을 이용하기 위해 자연을 정복한다는 쪽으로 변질되었다. 수많은 진보를 이룩한 인류는 초기의 성공적 경로에서 벗어나 그릇된 길로 접어들었다. 셀 수도 없는 위험이 도사리고 있는 길로 말이다. 그 가운데 가장 심각한 위험은 정치인이나 기업인 절대다수가 경제 성장을 늦추지 말아야 한다고 철석같이 믿고 있다는 데에서 비롯된다. 그들은 끝없는 경제 성장이야말로 지속적인 기술 혁신과 더불어 인류의 현재와 미래의 문제를 모조리 해결해 줄 수 있으리라 믿고 있다.

지난 수십 년 동안 과학자들은 자연과 필연적으로 충돌할 수밖에 없는 이러한 믿음에 대해 줄곧 경고를 해왔다. 유엔은 1983년에 일찌감치 세계환경발전위원회World Commission on Environment and Development; WCED를 창립했고, 이 위원회는 1987년에 '브룬트란트 보고서' Brundtland Report를 발간했다. '우리 공동의 미래' *Our Common Future*라는 제목의 그 보고서는 인류가 재앙을 피하고 책임 있는 생활양식으로 돌아갈 수 있는 길을 모색하는 데 유용한 개념을 제시했다. 장기적이고 환경적으로 지속가능한 자원 사용이 그것이다. 브룬트란트 보고서에 쓰인 '지속가능성'은 "미래 세대가 그들의 욕구를 충족시킬 수 있는 능력에 위협을 주지 않으면서 현 세대의 욕구를 충족시키는 발전"을 의미하는 개념이다.

숱한 노력이 있었지만 안타깝게도 생태적으로 · 경제적으로 · 사회적으로 지속가능한 실천을 위한 이 기본 원칙은 제대로 구현되지 않고 있다. 시민 사회가 아직 충분한 지식을 갖추고 있지도 조직화되어 있지도 않은 탓이다.

이러한 상황을 배경으로, 그리고 쏟아지는 과학적 연구 결과들과 경고를 바탕으로, 나는 내가 몸담은 조직과 함께 사회적 책임을 맡기로 했다. 지속가능한 발전에 관한 논의가 활성화되는 데 힘을 보태고자 한 것이다. 나는 지속가능성이라는 주제에 관한 지식과 사실을 제공하고, 앞으로 실천하면서 선택할 수 있는 대안을 보여주고자 한다.

하지만 '지속가능한 발전'이라는 원칙만으로는 현재의 생활양식이나 경제 활동을 변화시키기에 충분치 않다. 그 원칙이 일정한 방향성을 제시해 주는 것이야 틀림없지만, 그것은 사회의 구체적 조건에 맞게 조율되어야 하고 행동 양식에 따라 활용되어야 한다. 미래에도 살아남기 위해 스스로를 재편하고자 고심하는 민주주의 사회는 토론하고 실천할 줄 아는 비판적이고 창의적인 개인들에게 의존해야 한다. 따라서 지속가능한 발전을 실현하려면 무엇보다 남녀노소를 가리지 않고 그들에게 평생교육을 실시해야 한다. 지속가능성 전략에 따른 생태적 · 경제적 · 사회적 목표를 이루려면 구조적 변화를 이끌어내는 잠재력이 어디에 있는지 알아보고 그 잠재력을 사회에 가장 이롭게 사용할 줄 아는 성찰적이고 혁신적인 일꾼들이 필요하다.

그런데 사람들이 단지 '관심을 기울이는 것'만으로는 여전히 부족하다. 우선 과학적인 배경 지식이나 상호 관계를 이해하고 나서 토론을 통해 그것을 확인하고 발전시켜야 한다. 오직 그렇게 해야만 올바로 판단할 수 있는 능력이 길러진다. 이것이 바로 책임 있는 행동에 나서기 위해 미리 갖춰야 할 조건이다.

그러려면 사실이나 이론을 제기하되, 반드시 그 안에 주제에 적합하면서도 광범위한 행동 지침을 담아내야 한다. 그래야 사람들이 그 지침에 따라 나름대로 행동에 나설 수 있다.

이 같은 목적을 실현하기 위해 나는 저명한 과학자들에게 일반인도 이해할 수 있는 방식으로 '지속가능한 발전'에 따른 주요 주제의 연구 상황과 가능한 대안을 들려달라고 요청했다. 그렇게 해서 결실을 맺은 것이 바로 이 지속가능성 시리즈 열두 권이다. (아래의 각 권 소개 참조.) 이 작업에 참여한 이들은 다들 지속가능성을 향해 사회가 단일대오를 형성하는 것 말고는 달리 뾰족한 대안이 없다는 데 뜻을 같이했다.

- 우리의 지구, 얼마나 더 버틸 수 있는가(일 예거 Jill Jäger)
- 에너지 위기, 어떻게 해결할 것인가(헤르만-요제프 바그너 Hermann-Josef Wagner)
- 기후 변화, 돌이킬 수 없는가(모집 라티프 Mojib Latif)
- 위험에 처한 해양(슈테판 람슈토르프 · 캐서린 리처드슨 Stefan Rahmstorf & Katherine Richardson)
- 수자원: 효율적이고 지속가능하며 공정한 사용(볼프람 마우저 Wolfram Mauser)

– 천연자원과 인간의 개입(프리드리히 슈미트-블리크Friedrich Schmidt-Bleek)
– 과밀한 세계? 세계 인구와 국제 이주(라이너 뮌츠 · 알베르트 F. 라이터러Rainer Münz & Albert F. Reiterer)
– 식량 생산: 지속가능한 농업을 통한 환경 보호(클라우스 할브로크 Klaus Hahlbrock)
– 희생당하는 지구: 지속가능한 발전의 전망(베른트 마이어Bernd Meyer)
– 새로운 전염병: 지구촌에 번지는 전염병과 빈곤(슈테판 카우프만 Stefan Kaufmann)
– 다양성의 종언: 상실과 멸종(요제프 H. 라이히홀프Josef H. Reichholf)
– 새로운 세계질서 구축: 미래를 위한 지속가능한 정책(하랄트 뮐러 Harald Müller)

공적 토론

내가 이 프로젝트를 추진할 용기를 얻고, 또 시민 사회와 연대하고, 그들에게 변화를 위한 동력을 제공해 줄 수 있으리라 낙관하게 된 것은 무엇 때문이었을까?

첫째, 나는 최근 빈발하는 심각한 자연재해 탓에 누구나 인간이 이 지구를 얼마나 크게 위협하고 있는지 민감하게 깨달아가고 있음을 알게 되었다. 둘째, 지속가능한 발전이라는 개념을 시민들이 이해하기 쉬운 언어로 포괄적이면서도 집중적으로 다룬 책이 시중에 거의 나와 있지 않았다.

이 시리즈 일차분이 출간될 즈음 대중은 기후 변화나 에너지 같은 주제에는 큰 관심을 기울이고 있었다. 이는 2004년 지속가능성에 관한 공적 담론에 필요한 아이디어와 선결 조건을 정리할 무렵에는 기대하기 힘들었던 것이다. 특히 다음과 같은 사건들이 계기가 되어 이러한 변화가 가능했다.

첫째, 미국은 2005년 8월 허리케인 카트리나로 뉴올리언스가 폐허로 변하고 무정부 상태가 이어지는 모습을 속절없이 지켜보아야 했다.

둘째, 2006년 앨 고어Al Gore가 기후 변화와 에너지 낭비에 관해 알리는 운동을 시작했다. 그 운동은 결국 다큐멘터리 「불편한 진실」An Inconvenient Truth로 결실을 맺었는데, 이 다큐멘터리는 전 세계 모든 연령층에 강렬한 인상을 남겼다.

셋째, 700쪽에 달하는 방대한 스턴 보고서Stern Report가 발표되면서 정치인이나 기업인들의 경각심을 이끌어냈다. 영국 정부가 의뢰한 이 보고서는 2007년 전직 세계은행 수석 경제학자인 니컬러스 스턴Nicholas Stern이 작성하고 발표했다. 스턴 보고서는 우리가 "과거의 기업 행태를 답습하고" 기후 변화를 막을 수 있는 그 어떤 적극적 조치도 취하지 않는다면 세계경제가 얼마나 큰 피해를 입을지 분명하게 보여주었다. 더불어 스턴 보고서는 우리가 실천에 나서기만

한다면, 그 피해에 치를 비용의 10분의 1만 가지고도 얼마든지 대책을 세울 수 있으며, 지구 온난화에 따른 평균기온 상승을 2°C 이내로 억제할 수 있다고 주장했다.

넷째, 2007년 초에 발표된 기후 변화 정부간 위원회Intergovernmental Panel for Climate Change; IPCC 보고서가 언론의 열렬한 지지를 얻고 상당한 대중적 관심을 모았다. 그 보고서는 상황이 얼마나 심각한지를 이례적으로 적나라하게 폭로하며 기후 변화를 막을 과감한 조치를 촉구했다.

마지막으로, '지구를 살리자'Save the world라는 빌 클린턴의 호소와 빌 게이츠, 워런 버핏, 조지 소로스, 리처드 브랜슨 같은 억만장자들의 이례적 관심과 열정을 꼽을 수 있다. 전 세계 사람들에게 각별한 인상을 남긴 그들의 노력을 빼놓을 수는 없다.

이 시리즈 열두 권의 지은이들은 각자 맡은 분야에서 지속가능한 발전을 지향하는 적절한 조치를 제시해 주었다. 우리 행성이 경제·생태·사회 분야에서 지속가능한 발전으로 성공리에 이행하려면 하루아침이 아니라 수십 년이 걸리리라는 사실을 우리는 늘 유념해야 한다. 지금도 여전히 장기적으로 볼 때 가장 성공적인 길이 무엇일지에 대해서는 딱 부러진 답이나 공식 같은 게 없다. 수많은 과학자들, 혁신적인 기업인과 경영자들은 이 어려운 과제를 풀기 위해 창의성과 역량을 총동원해야 할 것이다. 갖가지 난관에도 불구하고 우리는 희미하게 다가오고 있는 재앙을 극복하기 위해 과연 어떤 목적의식을 가져야 하는지 확실하게 인식할 수 있다. 정치적 틀이 갖춰져 있기만 하다면, 전 세계의 수많은 소비자들은 날마다 우리 경제가 지속가능한 발전으로 옮아가도록 돕는 구매 결정을 내릴 수 있다. 더욱이 국제적 관점에서 보자면 수많은 시민들이 의회를 통해 민주적으로 정치적 '노선'을 마련할 수도 있을 것이다.

최근 과학계 · 정치계 · 경제계는 자원 집약적인 서구의 번영 모델(오늘날 10억 명의 인구가 누리고 있는)이 나머지 50억 명(2050년이 되면 그 수는 최소 80억으로 불어날 것이다)에게까지는 확대될 수 없다는 데 의견을 같이한다. 인구가 지금 같은 추세로 증가한다면 조만간 지구의 생물물리적biophysical 수용 능력으로는 감당이 안 되는 지경에 이를 것이다. 현실이 이렇다는 데 대해서는 사실 논란의 여지가 없다. 다만 우리가 그 현실에서 어떤 결론을 이끌어내야 할 것인가가 문제일 뿐이다.

심각한 국가간 분쟁을 피하고자 한다면 선진국은 발전도상국이나 문지방국가threshold countries, 선진국 문턱에 다다른 국가보다 자원 소비량을 한층 더 줄여야 한다. 앞으로 모든 국가는 비슷한 소비 수준을 유지해야 한다. 그래야 발전도상국이나 문지방국가에게도 적절한 번영 수준을 보장해 줄 수 있는 생태적 여지가 생긴다.

이처럼 장기적 조정을 거치는 동안 서구 사회의 번영 수준이 급속도로 악화되지 않도록 하려면, 높은 자원 이용 경제에서 낮은 자원 이용 경제로, 즉 생태적 시장경제로 한시바삐 옮아가야 한다.

한편 발전도상국과 문지방국가도 머잖아 인구 증가를 억제하는 데 힘을 쏟아야 할 것이다. 1994년 카이로에서 유엔 국제인구발전

회의International Conference on Population and Development: ICPD가 채택한 20년 실천 프로그램은 선진국의 강력한 지지를 기반으로 이행되어야 한다.

만약 인류가 자원과 에너지의 효율을 대폭 개선하는 데, 그리고 인구 성장을 지속가능한 방식으로 조절해 가는 데 성공하지 못한다면, 우리는 생태 독재eco-dictatorship라는 위험을 무릅써야 할지도 모른다. 유엔의 예견대로 세계 인구는 21세기 말 110억에서 120억 명으로 불어날 것이다. 에른스트 울리히 폰 바이츠제커Ernst Ulrich von Weizsäcker가 말했다. "국가는 안타깝게도 제한된 자원을 분배하고, 경제 활동을 시시콜콜한 부분까지 통제하고, 환경에 이롭도록 시민들에게 해도 되는 일과 해서는 안 되는 일까지 일일이 제시하게 될 것이다. '삶의 질' 전문가들이 인간의 어떤 욕구는 충족될 수 있고, 또 어떤 욕구는 충족될 수 없는지를 거의 독재자처럼 하나하나 규정하게 될는지도 모른다."(『지구정치학』*Earth Politics*)

때가 무르익다

이제 근원적이고 비판적으로 재고해 보아야 할 때가 되었다. 대중은 자신이 어떤 유의 미래를 원하는지 결정해야 한다. 진보, 삶의 질은 해마다 일인당 국민 소득이 얼마 증가하느냐에 달린 게 아니며, 우리의 욕구를 충족시키는 데 그렇게나 많은 재화가 필요한 것도 아니다. 이윤 극대화나 자본 축적 같은 단기적 경제 목표야말로 지속가능한 발전의 가장 큰 걸림돌이다. 우리는 지방분권화되어 있던 과거의 경제로 되돌아가야 하고, 그리고 세계 무역이나 그와 관련한 에너지 낭비를 의식적으로 줄여가야 한다. 만약 자원이나 에너지에 '제값'을 지불해야 한다면 세계적인 합리화나 노동 배제 과정도 달라질 것이다. 비용에 따른 압박이 원자재나 에너지 분야로 옮아갈 것이기 때문이다.

지속가능성을 추구하려면 엄청난 기술 혁신이 필요하다. 하지만 모든 것을 기술적으로 혁신해야 하는 것은 아니다. 삶의 모든 영역을 경제 제도의 명령 아래 놔두려 해서도 안 된다. 모든 이들이 정의와 평등을 누리는 것은 도덕적이고 윤리적인 요청일 뿐 아니라 길게 봐서는 세계 평화를 보장하는 가장 중요한 수단이기도 하다. 그러므로 권력층뿐 아니라 모든 이들이 공감할 수 있는 새로운 토대 위에 국가와 국민의 정치 관계를 구축해야 한다. 또한 국제 차원에서 합의한 원칙 없이는 이 시리즈에서 논의하고 있는 그 어떤 분야에서도 지속가능성을 실현하기 어렵다.

마지막으로, 지금 같은 추세라면 21세기 말쯤에는 세계 인구가 110억에서 120억 명에 이를 것으로 추산되는데, 과연 우리 인류에게 그 정도로까지 번식을 해서 지구상의 공간을 모조리 차지하고 그 어느 때보다 극심하게 다른 생물종의 서식지와 생활양식을 제약하거나 파괴할 권리가 있는지 곰곰이 따져보아야 한다.

미래는 미리 정해져 있지 않다. 우리의 실천으로 스스로 만들어가야 한다. 우리는 지금껏 해오던 대로 할 수도 있지만 그렇게 한다면

50년쯤 후엔 자연의 생물물리학적인 제약에 억눌리게 될 것이다. 이것은 아마도 불길한 정치적 함의를 띠는 것이리라. 하지만 아직까지는 우리 자신과 미래 세대에게 좀 더 공평하고 생명력 있는 미래를 열어줄 기회 또한 있다. 그 기회를 잡으려면 이 행성 위에 살아가는 모든 이들의 열정과 헌신이 필요하다.

2008년 여름

클라우스 비간트Klaus Wiegandt

지은이 서문

사람이 기후에 끼치는 영향이 커지고 있다. 인간에 의해 일어난 지구 기후 변화는 미량기체를 대기에 배출하는 폭넓은 인간 활동의 결과물이다. 이런 기체들에는 이산화탄소, 메탄, 질소산화물이 포함되며, 이들은 모두 기후에 영향을 끼쳐왔다. 에너지 부문, 농업, 산업 생산이 가장 대표적인 배출 요인이다. 하나 더한다면 삼림 파괴도 그 요인이다. 산업화가 시작된 이래 이른바 대기 중 '온실가스'의 증폭은 지구 온난화를 초래하고 있으며, 지구 온난화로 지구 시스템에는 광범위한 변화들이 나타나고 있다. 이것이 기후 문제의 핵심이다. 대기 중 미량기체 함량과 지구 기후 간의 연관성은 100년 넘게 알려져 왔다.

기후 문제는 독립적인 쟁점이 아니다. 그것은 인류가 직면한 다른 주요한 문제의 맥락에서 인식되어야만 한다. 예를 들어 기후 문제는 인구 증가와 별개의 문제가 아니며 에너지 문제와도 긴밀하게 연결되어 있다. 물의 이용 가능성은 결정적으로 기후에 달려 있으며 생물다양성도 마찬가지이다. 그렇지만 기후 문제의 복잡성은 또한 명백하게 사회·경제적인 측면도 지니는데, 사회로, 사적 영역으로, 그리고 정치로 넓게 확장해 들어가 있다. 내가 '지속가능성 시리즈'에서 저자로 참여하는 기회를 적극 응낙한 것도 이 때문이다. 이 시리즈는 다양한 방식으로 서로 얽혀 있는 열두 가지의 미래 중심 테마를 다룬다. 무엇보다 중요한 개념은 지속가능성이라는 원리이다. 국가의 정책과 세계가 지속가능성의 개념에 이바지한다면, 인류가 직면한 거대한 도전도 우리의 지구촌 세상에서 해결될 것이다. 장기적으로 재생 가능 에너지의 사용을 늘리는 일이 기후 문제에 대처하는 데에서 특별히 중요하다. 화석연료를 지속적으로 사용한다면 가까운 장래에 극적인 기후 변화로 나타날 것이다. 기후는 거대한 관성을 지니기 때문에, 탄소 없는 세계경제를 완벽하게 건설하는 일은 중대한 경제적 이탈 없이도 금세기 안에 점진적으로 이루어질 수 있다. 그러므로 우리의 기후를 어느 정도 수용할 수 있는 수준으로 안정화하는 일이 우리의 몫이다. 이런 가능성을 시민 사회와 소통하는 일이 나의 관심사 중 하나이다.

'책임성포럼'에 감사드리며, 특히 이 책의 저술 프로젝트를 제안하고 너그러운 지원을 아끼지 않은 클라우스 비간트에게 감사드린다. 필자들의 모임에서 여러 영감을 주는 토론을 아끼지 않으신 동료 필자들에도, 또한 킬의 라이프니츠 해양과학연구소와 함부르크의 막스플랑크 기상연구소에 있는 동료 연구자들에 더 큰 감사를 바친다. 마지막으로, 시간 날 때마다 이 책의 저술 작업을 하는 동안 언제나 인내심을 보여준 아내 엘리자베스에게도 특별한 고마움을 전한다.

2008년 7월 7일, 킬에서

• 차례 •

지속가능성 시리즈 한국어 판 발간에 부쳐
– 유네스코한국위원회 · 에너지관리공단 · 한국과학창의재단 5

엮은이 서문 9

지은이 서문 24

제1부 과학적 원리들

제1장 기후와 지구 시스템 33

기상과 기후 33

바다 37

바다얼음 44

대륙성 빙상 48

초목 53

제2장 온실효과 59

대기의 성분구성 59

자연의 온실효과 63

인간 유래 온실효과 68

지구적 탄소 균형 72

오존 문제 78

제3장 기후의 변동성과 예측 87

기후는 왜 요동하는가 87

엘니뇨/남방진동 88

북대서양 진동 93

화산의 영향 103

빙하기 주기 109

돌연한 기후 변화 113

기후의 예측 가능성 116

제4장 기후 모델링 121

기후 모형 121

구름과 강수 123

비행기구름의 역할 127

로렌츠 모형 131

멕시코 만류란 무엇이며, 그것은 미래에 어떻게 거동할 것인가 139

제2부 20세기와 21세기의 기후

제5장 인간이 기후에 끼치는 영향 149

기후 변화 정부간 위원회 149

오늘날 우리는 어떤 변화를 이미 보고 있는가 150

기후 변화는 누구 탓인가 156

인간의 지문 160

제6장 미래의 기후 변화 시나리오 167

기후의 관성 167

미래는 어떻게 될 것인가 169

21세기 중반 유럽의 기후 174

해수면은 얼마나 상승할까 178

바다의 산성화 183

제3부 미래를 위한 전략

제7장 대중 담론 197

미디어의 역할 197

회의론 202

제8장 무엇을 해야 하는가 227

교토 의정서 227

온실가스 배출 231

행동을 위한 선택들 233

기후 문제, 어떻게 다루어야 하나 240

용어 설명 261

참고 문헌 및 그림 출처 271

옮긴이의 말 275

일러두기

- 본문 중 오른쪽에 ■ 기호가 붙은 용어는 본문 뒤 부록으로 실은 「용어 설명」에서 자세한 내용을 확인할 수 있습니다.
- 이 책 16~17쪽에 나오는 지속가능성 시리즈의 책 제목들은 처음 세 권을 제외하고는 아직 한국어 판이 나오지 않은 것들로, 추후 한국어 판이 출간될 때에 그 제목이 바뀔 수 있습니다.
- 본문 뒤에 실린 「용어 설명」 가운데 몇 가지는 원서에는 없으나 독자의 이해를 위해 필요할 만한 용어를 IPCC의 『기후 변화 2007: 과학적 근거』의 부록 용어집에서 가져왔습니다.

제1부

과학적 원리들

1 기후와 지구 시스템

기상과 기후

기상■과 기후■의 차이는 한 문장으로 설명할 수 있다. 기후 연구 분야의 개척자인 미국의 래리 게이츠Larry Gates는 1980년대 초 세계 기상기구World Meteorological Organization : WMO가 주최한 어느 행사장에서 이렇게 말했다. “기후가 여러분이 내다보는 것이라면 기상은 여러분이 손에 쥐고 있는 것이다.” 이렇듯 기상과 기후에는 근본 차이가 있다. 예컨대 기상 연구는 특정 중위도 지역의 태풍이나 허리케인 같은 개별 기상 사건의 발생, 전파, 예측에 관련한 것이다. 이에 견주어 기후 연구는 중위도 지역의 태풍과 허리케인 전체에 관심을 기울인다. 내년에 얼마나 많은 태풍 또는 허리케인이 나타날지 또는 그것들이 지구 온난화의 결과로 더 잦아지거나 강해질지와 같은 물음을 다룬다. 그래서 우리는 ‘기상’(날씨)이라는 용어로 대기■

중에서 일어나는 단기적 사건을 나타내지만, '기후'라는 용어는 더 긴 기간을 가리키는 데 쓴다. 세계기상기구는 기후에 대해 "어떤 통계적 특성을 확실히 알 수 있을 만큼 긴 일정 시기에 나타나는 기상의 통계"라는 정의를 내린다. 기상이 특정 시점에 특정 지역에 나타나는 대기의 물리적 상태를 보여주는 것인 데 견주어 기후에 대한 서술은 완결적이지 않다. 기후는 평균값에서 벗어날 가능성을 내포하며, 그래서 독일에서 일어난 2002년 엘베 강의 범람이나 이듬해의 가뭄처럼 극한의 날씨 사건이 일어날 확률까지 포함한다. 기후를 서술할 때에는 대체로 30년의 시기를 적당한 준거로 삼는다.

'기후'라는 용어는 '기울기'tilt를 뜻하는 그리스어 '*klinein*'에서 유래했다. 여름과 겨울이라는 계절이 태양 둘레를 타원으로 도는 지구의 궤도 평면에서 볼 때 지구 축이 상대적으로 기울어져 나타나는 현상이기 때문이다. 현재 이 기울기는 23.5도로 측정되는데, 이는 일사량이 북반구의 여름에는 북반구에서 더 강하며 겨울에는 남반구에서 더 강함을 뜻한다. 대부분 경우, 통상적으로 지리를 분류하는 것도 온도와 강수 같은 기상학 수치에 나타나는 계절적 주기에 따라 이루어진다. 지구 축의 기울기는 이른바 궤도 매개변수parameter■와 더불어 수천 년의 과정을 거치며 변하는데, 이는 역사상 지구가 강한 기후 일탈을 겪어왔다는 사실과도 부분적으로 관련되어 있다.(제3장의 「빙하기 주기」 참조)

적도와 극지의 태양복사량이 계절과 연간 평균에서 다르기 때문에 지표 온도에서도 지역 편차가 크게 나타난다. 이런 하층 대기의

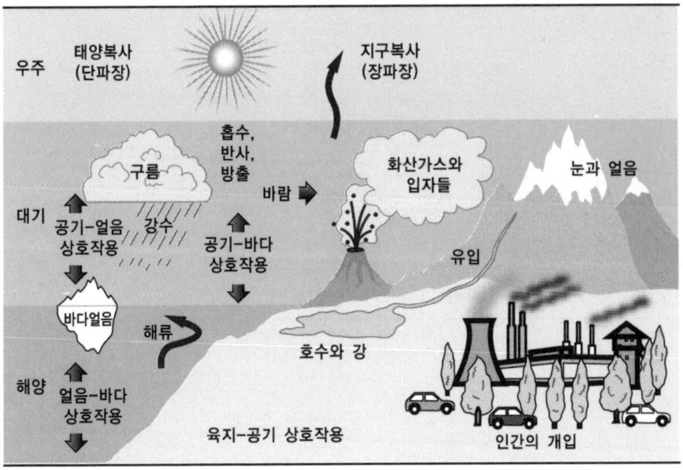

그림 1 지구 기후 시스템을 보여주는 계통도

수평적 기온차는 기압의 편차를 만들어낸다. 결국에는 기압의 힘이 지구 중력과 자전의 영향과 어울려 바람을 일으킨다. 평균적인 3차원의 바람 패턴을 일러 대기의 '일반 순환' general circulation이라고 한다. 그렇지만 대기는 격리된 계를 이루는 게 아니라, 수권(바다, 그리고 땅과 대기 중의 물 순환), 빙권(얼음과 눈), 생물권■(동물과 식물), 토권(토양), 암권(암석) 같은 지구 시스템의 다른 요소와 상호작용을 한다. 이들 요소가 기후 시스템■을 규정한다.(그림 1) 그것들은 모두 다 완전히 다른 속도로 움직이며 지극히 다른 열전도와 열용량을 지닌다.

기후 시스템의 동역학 dynamic, 그리고 거기에서 나오는 기후 통계

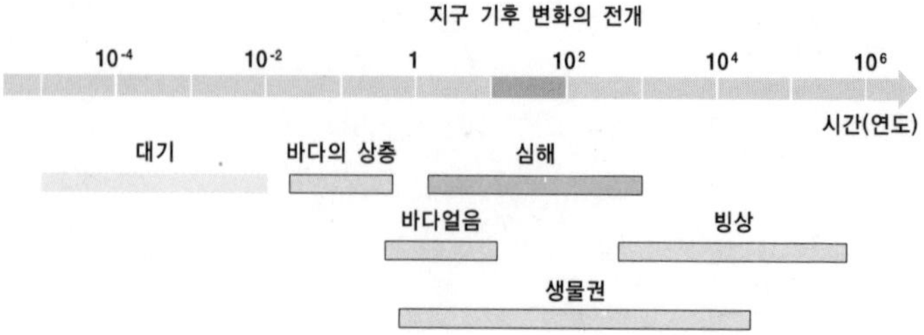

그림 2 기후 시스템의 개별 요소에 나타나는 서로 다른 시간 척도

를 봐도, 각 개별 요소마다 지극히 다른 시간 척도를 지닌다는 특징이 드러난다.(그림 2) 하층 대기는 불과 몇 시간 만에 지표의 상태에 맞춰 변하는 데 비해, 깊은 바다의 순환이 대기의 성분구성 같은 경계조건boundary condition의 변화에 맞춰 변하는 데에는 몇 세기나 걸린다. 남극 빙상 같은 거대한 빙상이 그런 과정을 거치는 데에는 수천 년이 필요하다. 기후 변화는 하나의 기후 요소 내부에서 일어나는 상호작용에 의해서도 생길 수 있으며, 바다와 대기 같은 개별 요소 간의 상호작용에 의해 생길 수도 있다. 기후 변화는 또한 태양복사의 변화, 화산 분출, 지구 대기 조성의 변화 같은 외부 사건에 의해서도 촉발될 수 있다. 지난 100년 동안에 인간은 기후에 영향을 주는 미량기체trace gas■를 대기 중에 방출했고, 이것이 기후에 훨씬 더 중요한 요소가 되었다. 그런 기체들은 대기 복사 수지budget에 변화를 초래했고 그리하여 지구 온난화에 기여했다.

바다

그림 2는 기후 시스템에서 능동적 구실을 하는 요소를 보여준다. 그림에는 수시간부터 수백만 년에 이르는, 각 요소에 상응하는 시간 척도가 나타나 있다. '가장 빠른' 요소는 대기로, 대기 중에서 눈에 띄게 큰 에너지의 변동 과정(예컨대 유럽의 위도 지역에 나타나는 고기압과 저기압의 연속 변화)은 대체로 며칠 정도의 시간 척도로 나타난다. 물의 순환은 증발과 강수를 통해 열의 흐름을 일으킴으로써 대기의 에너지 상태에 중대한 영향을 끼치는데, 대략 10일이 걸리는 것으로 추산된다. 그림 2의 시간 척도에서 반대편에는 그린란드와 남극의 빙상이 있다. 그것의 고유한 시간 척도는 수천 년의 범위에 들어 있다. 이런 종류의 요동은 지구적 온난기와 냉각기(예컨대 빙하기)의 주기에 상응하며 1만 년 내지 수십만 년의 간격을 두고 일어난다.

그림 2에서 양극단 사이에는 바다가 놓여 있는데, 바다도 해수면에 가까운 층과 심해층으로 구분된다. 해수면에 가까운 층에서는 반응이 수주 내지 수개월 만에 나타난다. 바람, 온도, 복사, 강수 같은 대기의 여러 장field과 해수면이 직접 연계되면서 나타나는 해류와 해수 층의 요동은 수주 내지 수개월이 걸린다. 이와는 대조적으로, 심해의 변화는 극지와 극지 부근의 고위도라는 제한된 지역의 해수면에서 일어나는 요동으로 발생한다. 이런 물의 양이 거대하기 때문에 심해가 움직이는 데에는 수십 년 내지 수백 년이 걸린다. 지구 온

난화라는 것도 정확하게 이런 시간 척도에서 일어나므로, 바다는 인간 유래anthropogenic■ 기후 변화에서 아주 중요한 역할을 한다.

시간 척도가 다른 만큼 공간 척도에서도 차이가 나타난다. 대기가 에너지를 발휘하는 데에서 의미 있는 공간 척도는 대략 1,000킬로미터에서 나타난다. 이것은 전형적인 고기압계와 저기압계의 범위와 상응한다. 바다에서 가장 강한 에너지를 지니는 해류와 해수 층의 변화는 대략 10~100킬로미터 멀리까지 퍼진다. 이런 변화는 '중간 규모' 소용돌이의 형태를 띠는데, 대기의 고기압, 저기압과 유사한 것이다. 대기의 '빠른' 과정(며칠 정도 걸린다.)은 바다의 혼합층('혼합층'이란 바다에서 가장 위쪽 층을 말하며 파도, 조류, 기상 사건 때문에 잘 섞인 상태를 이룬다.)에서 일어나는 '느린' 과정(몇 달간 지속되기도 한다.)에 견줘 상대적으로 더 큰 영역(1,000킬로미터)에서 나타난다. 이 때문에 바다는 가장 큰 에너지를 지니는 운동을 하지만, 그것을 관측하기는 대기 운동 관측보다 훨씬 더 어렵다. 관측된 바에 따르면, 중간 규모 소용돌이는 심지어 수천 미터 깊이에서도 나타난다. 이런 소용돌이는 장기 기후 변동에서도 중요한 역할을 하기 때문에, 상시 관측의 대상이 되어야 하며 기후 시뮬레이션 모형에도 통합되어야 한다.

기후 시스템에 나타나는 물의 중심적인 구실은 물 분자의 비대칭 구조에 바탕을 두고 있다[물 분자를 이루는 수소와 산소 원자는 전자를 서로 공유하지만 전자가 산소 원자 쪽으로 치우쳐 있어 전체적으로 쌍극자를 이룬다.—옮긴이]. 이런 비대칭 때문에 물 분자는 전기적으로 쌍극자가 되며, 이로써 온도에 따라 물 분자의 군집이 촉진된다. 섭씨 4도에서 물의 밀도가 가장 높아지는 기이한 성질이 나타나는 것도 이 때문이다. 그래서 물의 고체상인 얼음이 뜰 수 있는 것이다. 북극과 남극에는 거대한 양을 이루며 떠다니는 얼음, 즉 '바다얼음' sea ice이 있다. 분자의 응집력 때문에, 물은 온난화와 냉각화에 둔감하게 반응하며 고체와 액체 물질(암모니아는 예외) 중에서 가장 큰 열용량을 지닌다. 만일 물 분자가 대칭 구조를 지닌다면 끓는점과 어는점은 섭씨 영하 80도와 영하 110도이어야 하지만, 비대칭 구조 때문에 끓는점은 섭씨 100도, 어는점은 0도가 된다.

더욱이 물은 효과가 매우 뛰어난 용매이다. 바다에 녹아 있는 물질 중 상대적으로 무거운 성분이 '염분'인데, 이것이 전 세계 바다에서 평균 3.47퍼센트를 차지한다.(통상적으로 해양학에서 염분은 천분율 단위로 표시한다.) 이 염분은 물의 속성을 눈에 띄게 변화시킨다. 예를 들어, 3.47퍼센트 염도에서 최대 밀도를 이루는 온도는 섭씨 영하 3.8도로 이동해 어는점이 섭씨 영하 1.9도 아래로 떨어진다. 이런 사실은 바다가 냉각해 얼음이 생성되는 동안에도 '대류' 현상이 일어날 수 있음을 뜻한다. 냉각된 물은 가라앉고, 따뜻한 물은 심해에서 위로 상승해 열을 대기에 내놓고는 다시 대기 중 기체를 흡수한 뒤에 심해로 가라앉는다. 대류는 대기에서 구름이 생성되는 데에도 중요한 구실을 한다. 그렇지만 이 또한 지구 안에서 일어나는 일이기에 지구 시스템 전체를 통틀어 운동을 추진하는 가장 중요한 과정 중 하나일 뿐이다.

순환과 성층(수직으로 밀도 차이가 나는 구조) 현상과 관련해, 바다의 일차적인 자극은 오로지 해수면에서 비롯한다. 바람의 힘이 작용하면, 이어서 마찰의 상호작용, 지구 자전의 편향력(코리올리 힘 Coriolis force),■ 해양분지의 지형■으로 인해 흔히 지도에 표시되는 표면 해류의 시스템이 이루어진다. 그 해류의 세기는 수심이 깊어질수록 줄어든다. 잘 알려진 사례를 들면, 대서양의 멕시코 만류와 태평양의 쿠로시오 해류가 그렇다. 바람장wind field은 시간적으로나 공간적으로나 균일하지 않기 때문에, 해류와 함께 일어나는 물질의 이동은 지역에 따라 물질의 초과나 부족을 초래한다. 이런 효과와 연계된 해수면의 오르내림이 긴 주기의 파장과 바다 내부의 수평 해류를 일으킬 뿐만 아니라 수직 운동도 추동한다. 용승작용upwelling이 일어나는 곳에는 흔히 영양분이 풍부하고 그래서 생물학적 생산성이 강력하다는 특징이 나타나곤 한다.

해수면이 따뜻해지거나 차가워지면, 또는 증발이나 강수나 바다 얼음의 생성으로 염도가 변하면, 서로 다른 밀도를 지닌 바닷물 덩어리가 만들어진다. 열대와 아열대 지역에서는 연평균으로 볼 때에 늘 따뜻함이 유지된다. 그래서 가벼운 해수면의 바닷물은 따뜻한 상층—섭씨 10도 이상의 온도를 유지한다—을 이루며 아래쪽에 있는 물 덩어리 위에서 떠다니게 된다. 강한 온도 차이(밀도 차이) 때문에 따뜻해진 물이 더 깊은 층으로 파고드는 일은 잘 일어나지 않는다. 그래서 상층은 상대적으로 얇은 100미터 내지 800미터 정도의 층을 유지한다. 극지에 가까운 지역과 극지 지역에서는 평균적인 열

부족 때문에 밀도가 증가하는데, 그 밀도는 바닷물이 결빙할 때에 나오는 염분 때문에 더 높아진다. 이로 인해 대체로 깊은 곳에서 대류가 일어난다.

고위도 지역의 바다는 성층 현상이 그리 뚜렷하지 않다. 해수면의 신호가 바다 내부에 아주 잘 도달하고, 거꾸로 바다 내부의 신호가 해수면에 잘 전해지기 때문이다. 극지방에서 오는 차가운 물—섭씨 10도 미만의 온도를 유지한다—은 따뜻한 상층 밑으로 파고들어 바다 내부로 들어간다. 즉 온도와 염분에 의해 추동되는 순환(열염 순환thermohaline circulation)■을 일으킨다. 깊은 곳으로 가라앉으면서 적도 쪽으로 흘러가는 차가운 바닷물의 빈자리를 상층의 따뜻한 물이 극지 쪽으로 이동해 채우기 때문이다. 이렇게 해서 결국 북반구에 나타나는 해양 열의 이동량은 최대 3.0×10^{15}와트나 된다. 대기에서 일어나는 열 이동과 합쳐서, 이 정도의 양은 북반구의 복사 수지 5.5×10^{15}와트의 균형을 유지하는 데 필요하다. 대서양에서 보면, 미디어에서 자주 '멕시코 만류 순환' 또는 '만류 순환'으로 언급하는 게 바로 이런 열염 순환을 뜻한다.

고위도 지역에서 열염 순환은 대류 과정에 의해서 일어난다. 해수면의 상태에 따라서 차가운 물 덩어리의 특성이 달라진다. 그런 특성은 추적이 가능한데, 온도와 염도, 그리고 산소와 다른 미량기체의 밀도나 함량을 관측함으로써 그 물 덩어리들이 심해로 나아가는 이동 경로를 좇을 수 있다. 가장 깊은 심해에 있는 물 덩어리들의 대부분은 남극에서 기원한 것이다.(남극 저층수로 알려져 있다.) 북극에서 온 물 덩어리들은 밀도가 다소 낮아 바닥의 저층 위에서 층을 이루게 된다. 대서양은 북반구에서 고위도 지역까지 연장되어 있어, 그린란드 해와 래브라도 해(북대서양 심층수)에서 물의 순환을 시작한다. 그림 3은 지구 전체로 확산하는 해류와 이에 맞물려 있는 표층의 회귀 해류를 나타낸 것이다. '전 지구적 컨베이어 벨트' 또는 '전 지구적 역전 순환' global overturning circulation이라고 불리는 이 순환은 심층수에 있는 방사성 탄소 동위원소의 수를 측정하는 연대측정 방법을 이용해 추정해 볼 때 수백 년 내지 수천 년에 한 번의 주기를 이룬다.(동위원소는 화학적 성질은 같지만 다른 원자 질량을 갖는 서로 다른 원자를 말한다.)

이 주기에서 가장 오래 시간이 걸리는 부분은 심층에 있는 컨베이어 벨트의 차가운 경로에서 일어난다. 그곳의 전형적인 이동 속도는 고작 하루에 1~3킬로미터에 불과하다. 이런 순환에 관여하는 거대한 물 덩어리들은 대략 4억 세제곱킬로미터(지구 전체 바닷물의 약 3분의 1)에 달하며 대략 1초에 2000만 세제곱미터의 비율로 이동한다. 이런 물 덩어리의 열 저장 용량이 높은 용매성과 결합해, 열염 순환은 기후 시스템에서 가장 중요한 장기 저장소 중 하나가 된다. 이 저장소에 저장된 물에는 인간이 방출한 온실가스■ 이산화탄소의 상당량도 포함되어 있다. 이에 관여하는 생물지구화학적인 과정은 대부분 아직도 알려지지 않았기 때문에, 이 해양 저장소의 용량을 정확하게 파악하기는 불가능하다. 그러므로 바다가 인간이 대기 중에 방출하는 이산화탄소의 증가를 얼마나 오랫동안 제어해야 온실효과■

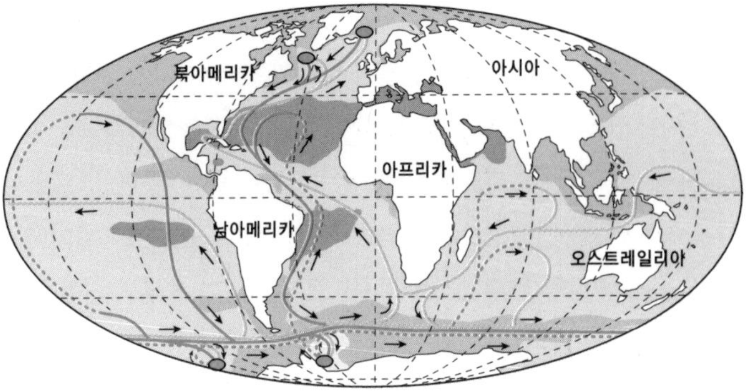

그림 3 열염 순환 도식

증대 때문에 생기는 지구 온난화를 완화할 수 있을지도 불확실하다.(제2장의 「지구적 탄소 균형」 참조)

지역과 지구의 기후 변화에 속하는 중대한 문제는 열염 순환의 안정성에 관한 것이다. 그 쟁점에서는 고위도 지역에서 일어나는 대류의 변화 가능성이 주목받고 있다. 한편에서 보면 대류는 인간 유래 온실효과의 결과인 온난화에 의해서 감소할 수도 있다. 다른 한편으로는, 저온 지역에서 일어나는 염도 변화가 매우 중요하다. 이런 변화는 대륙성 빙상과 강수, 그리고 대륙에서 북대서양으로 흘러드는 강물의 변화 때문에 초래되는 염도 변화와 같은 문제인데, 이들 변화 역시 인간 유래 기후 변화의 영향을 받아 생길 수 있다. '멕시코 만류 문제' Gulf Stream problem로 불리는 복잡한 쟁점은 과학계뿐 아니라 일반 대중 사이에서도 집중적 토론의 대상이 되곤 한다. 심지어 할리우드도 이런 쟁점을 포착해 영화 「투모로우」The Day After Tomorrow까지 만들었다.(제4장의 「멕시코 만류란 무엇이며, 그것은 미래에 어떻게 거동할 것인가」 참조) 나중에 더 얘기하겠지만, 여기에서는 열염 순환이 붕괴한다고 해서 새로운 빙하기가 촉발되는 것은 아니라는 점만을 밝혀둔다.

바다얼음

바다얼음은 빙권■(얼음권역 cryosphere)의 일부이다. 이 권역에는 모든 형태의 눈과 얼음이 포함되기에, 질량과 열용량으로 치면 기후 시스템에서 두 번째로 거대한 요소이다. 빙권의 두드러진 요소에는 눈, 바다얼음, 산악 빙하, 빙붕 shelf ice,■ 그리고 대륙성 빙상 ice sheet이 있다. 오늘날에 육지 표면의 10퍼센트(1480만 제곱킬로미터)는 항상 얼음으로 덮여 있으며 연평균으로 바다의 6.5퍼센트(2250만 제곱킬로미터)는 얼음으로 덮여 있다. 주로 남극에 있는 빙붕은 150제곱킬로미터의 면적에 불과해, 바다얼음에 견주면 아주 적은 양이다. 그러나 빙붕의 부피는 대략 66만 세제곱킬로미터에 달해 바다얼음의 10배나 된다. 산악 빙하와 더 작은 규모의 만년설은 모두 합해도 대략 18만 세제곱킬로미터밖에 안 된다.

바다얼음이 면적, 견고성, 두께, 그리고 표류 방식에서 다양하게 다른 것은 동역학과 열역학의 과정 때문이다. 바다얼음의 열역학, 즉 얼음과 녹음은 복사 과정에 의해, 그리고 감춰져 있지만 감지해 낼 수 있는 열의 요동 흐름에 의해 영향을 받는다. 바다얼음 표류는 바람과 해류, 코리올리 힘, 그리고 바다얼음의 내부 스트레스(변형)에 의해 일어난다. 내부 스트레스는 유동학 모형을 사용해 규명할 수 있다. 유동학■은 고체물리학과 물질의 유동과 변형을 다루는 연속체역학continuum mechanics의 한 분과이다.

바다얼음 경계에서 나타나는 변화는 극지방 기후 요동의 가장 중요한 속성 중 하나이다. 지구물리학의 척도에서 보면, 바다얼음은 극지 바다에 떠 있는 얇고 조각난 층이다. 바람과 해류에 의해 운동하고 그 두께와 부피, 그리고 면적은 열역학적 과정의 영향을 받는다. 바다얼음은 지구 시스템에서 대기와 해양이라는 두 가지의 훨씬 더 큰 구성요소 사이에서 경계 구실을 한다. 그래서 대기와 해양의 상호작용에 상당한 정도로 영향을 준다. 3월에 바다얼음은 바다 표면의 5퍼센트를 덮으며, 9월에는 8퍼센트를 덮는다. 북극해에서 그 평균 두께는 3미터이고, 남극해에서는 1미터이다. 바다얼음이 눈으로 덮이지는 않았다 해도 매우 높은 알베도■(태양복사를 반사하는 용량)를 지녀 복사 수지에도 눈에 띄게 영향을 끼치고 있으므로, 기후 시스템에서 중요한 역할을 한다. 그것이 해양과 대기 사이에 단열 효과를 가져와 직접적이고 요동적인 운동량과 열의 교환을 방해한다는 사실에서 볼 때 그 역할은 더욱더 커진다. 그래서 대기는 노출된 바다 위보다는 바다얼음의 표면 위에서 상당히 더 차갑다. 바다얼음은 극지방의 공기를 냉각할 뿐 아니라 지구 표면에서 자오선 온도 경사meridional temperature gradient■를 증가시켜, 즉 열대와 극지방 간의 온도 대비를 증대시킴으로써 중위도 서풍의 세기를 더해 준다.

바다얼음은 대기만이 아니라 바다에도 영향을 준다. 바다얼음은 바다에서 차가운 대기 쪽으로 열이 손실되는 것을 차단하는 구실을 하며, 또한 바다얼음의 형태가 바뀌면 운동량 손실로 인해 바다 표면에서 스트레스의 변화가 생긴다. 이 중요한 두 가지 과정은 요동적인 교환이 급격히 줄어드는 동시에 바람과 해류에 의해 점성과 유연성을 지닌 고체 상태의 물질이 이차원으로 유동하는 식으로 바다얼음의 거동이 변화할 때 생긴다. 다른 중요한 효과는 바다얼음이 해양의 대류에, 심해 저층수의 형성에 끼치는 영향이다. 그러므로 바다얼음은 거대 규모의 바다 순환에서, 특히 열염 순환에 대해 중요한 역할을 한다. 바닷물의 평균 염도는 3.47퍼센트이지만, 바다얼음의 염도는 고작 0.5퍼밀(0.05퍼센트) 정도이다. 바닷물이 얼 때에는 상당한 양의 소금이 바다로 방출된다. 이로 인해 바닷물은 밀도가 높아져 더 무거워지고, 그래서 대류를 유발한다. 이런 바다얼음의 형성 과정 때문에 극지방에서는 밀도 높은 바닷물이 생성되는데, 이 바닷물이 더 깊은 해수층으로 가라앉음으로써 바다 순환에 영향을 끼칠 수 있다.

여러 문헌을 보면, 수십 년의 시간 척도에서 일어나는 일부의 기후 요동을 '얼음-바다 진동자'라는 개념으로 설명한다. 예를 들어 열염 순환을 포함하는 어떤 요동을 생각해 보자. 열염 순환에서는 북대서양에서 얼음 생성이 늘어나면 염도가 더 높아지고 그래서 물의 밀도도 더 높아진다. 그 결과, 고위도 지역에서 더 큰 대류가 생기고 열염 순환의 세기를 더해 준다. 그리하여 북대서양에서 더 많은 열이 북쪽으로 운반되어 바다얼음을 녹인다. 뒤이어 더 많은 민물이 바다에 들어오게 되며 바다 표면에서는 밀도가 낮아지고 결국에는 대류가—그래서 열염 순환도—약화되는 결과를 초래한다. 그 효과는 북쪽으로 운반되는 열이 줄어드는 것으로 나타나며, 결국에는 얼음의 생성을 증가시킨다. 바다와 바다얼음 간의 이런 상호작용은 자연에서, 특히 수십 년의 시간 척도에서 일어나는 기후 변화 가능성을 이해하는 데 중요하다.

바다얼음은 또한 인간 유래 온실효과와 관련해서도 중요한 역할을 한다. 모든 기후 모형■은 온실가스 농도의 증가로 인한 효과를 내다보는 시뮬레이션에서 온난화가 북극에서 가속화할 것이라는 결론을 내놓고 있다. 사실, 지난 수십 년 동안에 북극의 바다얼음이 평균 두께나 면적으로 볼 때 감소하고 있음이 관찰되었다. 여기에서는 얼음 알베도 되먹임feedback의 현상이 결정적인 구실을 한다. 얼음처럼 밝은 빛의 표면은 지극히 높은 알베도를 지니는데, 이는 입사하는 햇빛의 상당량을 우주로 반사한다는 것을 뜻한다. 따라서 열의 원천인 태양에너지는 지구상에 상대적으로 더 적게 남는다. 바다얼음이 인간 유래 온실효과의 결과로 인해 줄어든다면, 이는 햇빛이 상대적으로 더 적게 반사되어 더 많은 태양에너지가 지구상에 머물게 됨을 뜻하며, 따라서 온난화를 더해 준다는 것을 의미한다. 이런 양의 되먹임은 북극이 특별히 빠르게 온난화하는 이유 중 하나를 설명해 준다. 20세기 북극 바다얼음의 후퇴는 관측된 온실가스 농도를 다루는 기후 모형을 사용해 시뮬레이션해 볼 수 있다. 이들 모형은 또한 북극 바다얼음이 다음 수십 년 안에 더 빠르게 감소할 것임을 보여준다. 온실가스 농도가 계속 가파르게 오른다면, 21세기 말 여름에 북극의 얼음이 완전히 사라질 가능성조차 있다. 남극 주변의 바다얼음은 인간의 영향에 상대적으로 덜 민감하게 반응한다. 남빙양〔남위 60도 남쪽의 바다—옮긴이〕에서 더 활발하게 일어나는 수직적 혼합 과정으로 인해 이 지역에서는 표면 온난화가 줄어들기 때문이다. 녹는 바다얼음이 해수면 상승에 기여하지는 않는다. 바다얼음은 해수면에 떠 있으면서도 가라앉은 부분만큼의 고체 형태로 이미 부피를 차지하고 있기 때문이다.

대륙성 빙상

대륙의 빙상과 빙붕은 부피로 볼 때 지구 빙권에서 더 많은 부분을 차지한다. '대륙성 빙상' 또는 간단히 말해 '빙상'이라는 용어는 육지 위에 대륙의 규모로 얹혀 있는 얼음 덩어리를 말한다. 수천 년 동안 눈이 쌓이면서 만들어진 것이다. 빙붕은 빙상에 이어져 있으면서도 바다에 떠 있는 얼음 덩어리이다. 빙붕은 주로 바다 쪽으로 이동하는 빙상의 일부에서 얼음 덩어리를 공급받는다. 전형적으로, 빙상으로 덮인 대륙붕의 커다란 만에 존재한다. 지구에서 가장 큰 얼음 본체는 단연 남극의 빙상으로 총 부피는 2470만 세제곱킬로미터에 달하며, 얼음으로 덮인 표면적이 1230만 제곱킬로미터이고, 평균 두께가 2.1킬로미터(빙붕은 제외)이다. 만약 남극 빙상이 완전히 다 녹는다면, 해수면은 60미터는 족히 오를 것이다. 붙어 있는 빙붕은 66만 세제곱킬로미터의 부피를 지니며 표면적은 150만 제곱킬로미터, 평균 두께는 0.44킬로미터에 달한다. 만약 이 빙붕이 녹는다 해도 해수면에 변화를 일으키지는 않을 것이다. 바다얼음과 마찬가지로 바다에 떠 있어, 이미 녹을 만큼의 물 부피를 차지하고 있기 때문이다.

그린란드 빙상은 지구에서 두 번째로 큰 빙상이다. 부피는 대략 300만 세제곱킬로미터에 달하며 면적은 170만 제곱킬로미터 정도나 된다. 그린란드 빙상이 다 녹는다면 지구의 해수면은 대략 7미터 상승할 것이다. 커다란 만이 없기 때문에, 그린란드 빙상이 깨지면 그 물은 직접 바다로 흘러든다. 그래서 눈에 띄는 빙붕이 이곳에는 없다. 남극 빙상과 중요하게 다른 점은 더 깊게 가라앉은 가장자리 부근이 여름철에 더 높은 표면 온도 때문에 녹는다는 것이다. 따라서 남극 빙상에 비해, 그린란드 빙상은 인간 유래 온실효과의 결과로 예상되는 섭씨 몇 도 수준의 기온 상승에 대해서도 훨씬 더 취약하다.

과거 지구의 상당 부분이 얼음으로 덮였던 시기가 있었다. 2만 1000년 전인 지난 빙하기의 절정 때에는 북아메리카와 북유럽의 넓은 부분까지도 빙상으로 덮였다. 이 시기에 얼음의 총 부피는 오늘날에 비해 대략 3배 정도 더 컸다. 따라서 지구 해수면도 대략 130미터나 더 낮았다. 이것이 어느 정도나 되는 것일까? 영국과 대륙의 유럽 지역이 과거에는 마른 땅으로 이어져 있었다는 사실을 되새기면 쉽게 그림이 그려진다. 미래에는 두 가지 요인이 특히나 중요한 역할을 할 것이다. 첫째, 장기적으로 볼 때 밀란코비치 이론 Milankovitch theory■에 따르면 새로운 빙하기는 이르면 5만 년 안에 정점에 이를 것이다. 둘째, 단기적으로 볼 때 100년 내지 1000년의 시기에 걸쳐, 얼음 덮인 지역의 면적이 인간 유래 온실효과로 인해 확실히 줄어들 것임을 예상할 수 있다.

수세기 내지 수천 년 정도의 아주 긴 시간 척도에서 볼 때, 대륙성 빙상은 지구 시스템에서 중요한 역학적 요소로 나타난다. 빙상은 독특한 점성 유동의 속성을 지닌다. 그래서 눈이 쌓이고 녹으면서 형태의 변화를 겪는, 고정되고 이동하지 못하는 고체일 뿐만 아니라 역학적 평형을 유지하고자 사실상 자신의 무게 때문에 갈라지는 고체이기도 하다. 내부의 양적 손실 효과는 쌓이는 눈으로 상쇄되고, 가장자리에서 일어나는 유출은 녹고 깨어져 흘러드는 얼음으로 벌충된다. 그래서 빙상은 인접한 대기, 바다, 암권 시스템과 복잡한 상호관계를 이룬다. 빙상의 양적 균형 mass balance은 강설과 해빙을 결정하는 강수, 기온, 복사 같은 대기의 매개변수에 의해 조절된다. 또 빙상의 지형(형상)과 알베도에 변화가 생기면 대기에 영향을 주는 되먹임 메커니즘이 등장한다.

빙상과 바다는 상호적인 효과를 주고받기도 한다. 빙하가 차지하는 육지 부분과 빙상 위치는 해수면에 따라 달라지는데, 이런 점에서도 주변의 바다는 빙상에 영향을 끼친다. 녹거나 쪼개진 얼음은 바다에 흘러드는 민물의 원천이 되며, 이런 과정을 통해 빙상은 거대 규모의 바다 순환에 되먹임을 한다. 녹아 생긴 바닷물은 빙붕의 아랫부분에서 다시 얼 수 있다. 대부분의 소금이 그 물 안에 머물기 때문에, 이런 물은 지극히 염도도 높고 밀도도 높아 빙붕을 더 가라앉게 하는 요인으로 작용한다. 빙상 밑의 암석에 있는 지열이 빙상 안으로 흘러들기도 한다. 이렇게 열이 흘러들기 때문에, 얼음 기둥의 온도는 일반적으로 깊숙이 들어갈수록 상승하여, 땅 부근에서는 거의 녹는점에 이를 수 있다. 이로 인해 더 많은 물이 생기고 얼음의 점도는 더 감소한다. 특정 환경에서는 미끄러운 막이 생길 수 있는데, 빙상이 그 막을 따라 미끄러져 바다로 흘러들기도 한다. 남극 서부의 빙상에서는 이런 메커니즘이 실제 가능한 것으로 여겨지고 있다. 만일 그곳에서 이런 급속한 불안정화가 일어난다면 지구 해수면은 5~6미터 정도 상승할 것이다. 빙상 밑의 암석은 빙상의 무게에 눌려 빙상 두께의 30퍼센트 정도나 가라앉아 있다. 지난 빙하기의 빙하 무게가 줄어들면서 북아메리카와 스칸디나비아의 땅은 오늘날 지속적으로 상승하고 있다.

빙상은 너무나 큰 덩어리이기 때문에, 빙상이 기후 변화에 반응하는 데에는 아주 오랜 시간이 걸린다. 대체로 그 시간 척도는 고유한 얼음 두께와 적설량 수치를 이용해 계산할 수 있다. 남극의 얼음 두께를 2킬로미터, 연간 적설량을 100밀리미터로 가정하면, 그 시간 척도는 2만 년에 달한다. 얼음 두께 1.5킬로미터에다 연간 적설량 300밀리미터를 나타내는 그린란드의 경우에는 5000년이 걸린다. 이 때문에 빙상은 다음 수백 년 동안에 어느 정도 상수처럼 여겨질 수 있다. 그렇지만 수백 년 이후의 시간 지평에서는, 빙상의 역학을 고려 대상에 넣어야 한다. 여기에서는, 빙상이 불안정한 상태가 되는 데 얼마의 시간이 걸리는지가 과학자들 사이에서도 논란의 쟁점이 된다는 점만 얘기해 둔다. 오래전의 기후를 오늘날 다시 구성해 본 결과, 지난 빙하기 말에 엄청난 양의 얼음이 상대적으로 짧은 기간에 바다에 흘러 들어갔으며 그래서 불과 수백 년 만에 해수면이 거의 10미터까지 상승했다는 사실이 알려져 있다.

지구 기후 모형을 활용한 최근의 계산에서는 금세기 안에 빙상이 있는 지역에서 기온이 섭씨 6~10도 오를 가능성이 있다는 예측 시나리오가 제시되는데, 이런 기온 상승이 수백 년 동안 지속될 수도 있다고 한다. 복잡한 빙상 모형으로 이루어진 시뮬레이션은 섭씨 10도의 기온 상승을 가정할 때에 그린란드 빙상의 부피가 1000년 뒤에는 최소 3분의 1 정도로 줄어들 것임을 보여준다. 그렇게 되면 해수면은 족히 2미터 정도는 상승할 것이다. 남극 빙상은 표면 온도가 눈에 띄게 더 낮기 때문에 상당한 수준으로 더 안정적이다. 남극을 대상으로 한 같은 시뮬레이션에서는 남극 빙상의 부피가 5퍼센트 줄어드는 것으로 나타났다. 남극 얼음의 부피 자체가 거대하기 때문에 해수면은 3.5미터가량 상승한다. 그렇지만 이런 시뮬레이션에서는 몇 가지 과정이 고려 사항으로 다뤄지지 않았기 때문에, 그것이

기껏해야 '대략의 추정'이라는 점을 강조할 필요가 있다. 예를 들어, 이 시뮬레이션에서는 인간이 대기에 뿜어내는 검댕이가 빙상의 알베도에 영향을 끼치지 않는다고 가정하고 있다. 그러나 검댕이는 빙상의 알베도를 상당히 감소시킬 수 있으며, 그럼으로써 여름에 빙상은 더 녹고 빙상에는 액체 물이 더 많이 스며들며, 그래서 빙상의 침식을 부채질해 해수면 상승을 눈에 띄게 가속화하는 효과를 만들어낼 수 있다.

초목

지구 시스템에서 더욱 중요한 요소는 초목이다. 초목은 대기의 운동량 수지 momentum budget와 상호작용을 한다. 초목은 지구 수권의 순환과 지구복사 수지에 영향을 끼치며, 탄소 같은 물질의 순환에도 중대한 영향을 끼친다. 초목은 정적이지 않으며, 지구 시스템의 다른 구성요소와 긴밀하게 상호 연계되어 과거 몇 가지 기후 변화에서도 주요한 요인으로 작용했다. 미래의 기후에도 초목의 작용은 결정적인 영향을 끼칠 것이다. 지구 대기의 화학 성분과 초목 간의 상호작용을 일러 '생물지구화학적 되먹임■ 메커니즘'이라고 부르며, 에너지, 물, 운동량 수지와 초목 간의 상호작용은 '생물지구물리학적 되먹임 메커니즘'이라고 일컫는다.

가장 중요한 생물지구화학적 되먹임 메커니즘으로는 초목과 대기 중 이산화탄소 농도 간의 상호작용을 먼저 꼽을 수 있다. 이 되먹임은 양의 되먹임이 될 수도, 음의 되먹임이 될 수도 있다. 그것은 관측되는 그 과정의 시간 척도에 따라 어느 정도 달라진다. 지목하기 힘든 어떤 원인에 의해 바이오매스(생물 총량, biomass)가 증가한다고 생각해 보자. 이렇게 되면 결국에 더 많은 이산화탄소가 대기에서 제거될 것이다. 온실효과는 감소하고 지표면 부근의 기온은 떨어진다. 이런 효과는 식물의 생장을 늦추고 초기의 요동을 누그러뜨리니, 결국 음의 되먹임이다. 그러나 인간 유래 온실효과는 양의 되먹임을 일으킬 수도 있다. 주요한 기후 변화 탓에 전체 삼림 지역은 너무 큰 변화의 압력을 받게 되어 호흡 작용을 통해 대기에 돌려보내는 것보다 더 적게 이산화탄소를 흡수할 수 있다. 이렇게 되면 인간 유래 온실효과는 더 증폭된다. 몇 가지 모형 시뮬레이션에서 보면, 이런 효과는 평균적으로 모든 육지 지역에서 21세기 말까지 대략 섭씨 1도의 추가적인 온난화를 유발할 수 있다. 최근에는 메탄의 순환과 연계되어 있는 생물지구화학적 되먹임이 새로 발견되었다. 식물이 메탄을 만들어내는 것으로 밝혀졌는데, 이는 이전까지 알려지지 않았던 되먹임이다. 이런 과정이 초목의 기후 효과 전반에 끼치는 영향이 최근에 연구의 초점이 되고 있다. 그렇지만 새로 발견된 이 메커니즘이 인간 유래 온실효과에 관한 계산 결과에 눈에 띨 정도의 영향을 주지는 않을 것으로 여겨진다.

가장 중요한 생물지구물리학적 상호작용 중 하나는 알베도의 변화에 관한 것이다. 즉, 초목 변화의 결과로 인해 태양복사의 흡수가 어떻게 달라지느냐에 관한 것이다. 이런 되먹임은 양의 성질을 띤다. 알베도는 비초목 지역보다 초목 지역에서 더 낮아지므로, 초목 지역이 확산하면 흡수되는 태양복사량이 증가해 지표면 기온은 상승할 것이다. 식물의 생장에도 더 좋은 조건이 된다. 알베도에 의한 되먹임은 알베도 대비가 뚜렷한 지역, 즉 사막 지역이나 주기적으로 눈이 덮이는 지역에서 특히 강하다. 예를 들어 사하라의 밝은 모래 사막은 0.5가량의 알베도를 지니는 반면 사막 가장자리의 사바나 지역은 전형적으로 0.2가량의 알베도를 지닌다. 더 확실한 대비는 북쪽의 고위도에서 발견된다. 타이가taiga[시베리아 · 북아메리카 등의 침엽수림 지대—옮긴이]의 눈 덮인 삼림 지역에서 그 값은 0.3가량인데, 눈 덮인 초지에서는 거의 0.9에 가까운 높은 값이 관측된다.

식물은 알베도 말고도 지표면 부근 대기의 수분 수지water budget에도 영향을 끼친다. 이런 효과의 대부분은 잎사귀 기공에서 일어나는 증발과 뿌리를 통한 수분의 흡수 때문에 생긴다. 물과 관련한 이런 상호작용은 양의 되먹임과 음의 되먹임 메커니즘을 모두 보여줄 수 있다. 여러 생물물리학적 되먹임 메커니즘 간의 상호작용은 너무 복잡하다. 그렇지만 여러 실험은 연평균으로 볼 때 북쪽 고위도 지역에서는 알베도 효과가 지배적인 경향을 띠지만 열대 지역에서는 수문학적[hydrological, 물과 관련한—옮긴이] 효과가 더 널리 나타나고 있음을 보여준다. 생물지구화학적인 과정과 생물물리학적인 과정을 모두 고려하는 일은—지구 기후 변화 연구에서 핵심적인 일이다—비교적 완결적인 지구 시스템 모형을 갖출 때에나 가능한 법이다. 이런 종류의 시뮬레이션은 열대에서는 생물지구화학적 되먹임이 지배적이며, 북반구의 중위도와 고위도에서는 생물지구물리학적 되먹임이 널리 퍼져 있음을 보여준다. 그러므로 열대에서의 삼림 파괴는 지구 온난화를 일으키며, 삼림 복원은 지구 냉각화를 일으킬 것으로 추정된다. 북반구의 중위도와 고위도에서는 그런 조건들이 정확하게 역전되어 삼림 파괴는 냉각화를 초래하며, 삼림 복원은 온난화를 초래할 것이다. 하지만 최근에 들어서야 비로소 지구 시스템 모형에서 그런 문제들에 담긴 복잡성을 고려하기 시작했고, 그래서 특정한 되먹임 메커니즘이 어디로 나아갈지 그 방향에 관해서는 어느 정도 확실하게 밝혀진 바가 아직 없다.

여러 기후 모형 시뮬레이션을 보면, 초목의 동역학에서 생기는 되먹임이 그 밖의 요인으로 시뮬레이션해서 얻은 기후 변화를 증폭하거나 가속화할 수 있는 것으로 나타난다. 기후 모형을 활용하는 고古기후 연구 결과를 보면, 물리적인 기후 시스템(대기, 해양, 바다얼음)과 초목의 상호작용은 매우 비선형적이며 그런 상호작용이 과거의 관측된 기후 변화에 결정적 영향을 끼쳐왔던 것으로 드러나고 있다. 그 사례 하나가 '녹색 사하라' 현상이다. 사하라는 6000년 전에 수풀이 우거진 지대였다가 사막지대로 매우 빠르게 변했는데, 이런 현상은 초목을 포함하는 생물지구물리학적 되먹임 메커니즘을 작동시켜 통합한 기후 모형에서만 재현될 수 있다. 물리적인 원인, 다시 말해 지구궤도 매개변수가 변하면서 북반구의 여름철 태양복사에 초래되는 점진적 변화만으로는 사하라의 변화 속도를 설명하기에 충분하지 않다. 더욱이 물리적 기후 시스템의 모형만으로는 사하라가 사막이 되기 이전에 있었던 그 남쪽과 북쪽의 초목 영역을 설명할 수도 없다. 기후에서 초목이 행하는 역할을 이해하기에는 여전히 부족한 점이 많지만, 초목이 단지 수동적인 기후 지표가 아니라 지구 시스템에서 상호작용을 하는 요소라는 것만은 분명하다. 그것이 없다면 기후의 동역학은 충분히 설명할 수 없다.

2 온실효과

대기의 성분구성

지상에서 경험하는 최적의 생활조건은 부분적으로는 지구 대기의 화학적 성분구성composition 덕분이다. 그것은 태양계에 있는 다른 행성의 성분구성과는 분명하게 다르다. 지구 대기의 주요 성분은 78퍼센트의 질소N_2, 21퍼센트의 산소O_2이며, 그래서 이 둘이 대기 성분의 거의 99퍼센트를 차지하고 있다.(그림 4) 그러나 지구 생명체가 자라는 데 도움이 되는 기후가 유지되는 것은 미량으로 존재하는 몇 가지 다른 기체(그래서 미량기체라고 한다.) 덕분이기도 한데, 이들 기체는 소량이지만 지구 행성의 복사 수지에 영향을 끼침으로써 지구 기후에 강력한 영향력을 행사한다. 이 중에 가장 중요하게는 수증기H_2O, 이산화탄소CO_2, 그리고 오존O_3이 포함되어 있다. 예를 들어 이산화탄소는 지금 단지 0.0384퍼센트(384피피엠, ppm=100

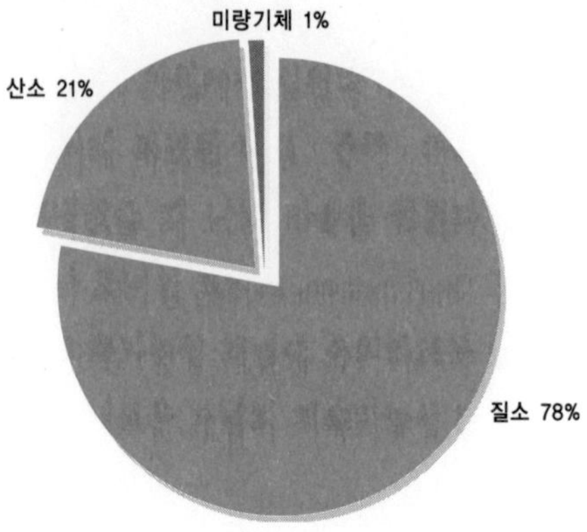

그림 4 대기의 성분구성
고작 대기의 1%를 차지하는 미량기체가 기후에는 특히 중요하다.

만 분의 1 단위)만을 차지하지만 우리의 현재와 미래 기후에 주요한 의미를 지닌다.

관측값을 보면, 다양한 인간 활동이 특히 기후와 관련한 안정된 미량기체의 농도를 높임으로써 대기의 성분구성을 바꾸고 있다는 사실이 의문의 여지 없이 입증된다.(그림 5, 표 1) 이것이 기후 문제의 핵심이다. 이산화탄소 CO_2, 메탄 CH_4, 질소산화물 N_2O의 농도는 산업화 이전에 비해 지금 엄청나게 증가하고 있다. 여기에는 이유가

그림 5 이산화탄소(CO_2)와 메탄(CH_4), 그리고 질소산화물(N_2O) 등 세 가지 미량기체의 지난 1000년간 변화 추이
이에 따른 복사강제력의 변화 추이를 함께 나타냈다. 그림에서는 산업화가 시작한 이래의 농도 상승을 분명하게 확인할 수 있다.(출처 IPCC, 2001a)

잘 혼합된 세 가지 온실가스의 대기 중 농도

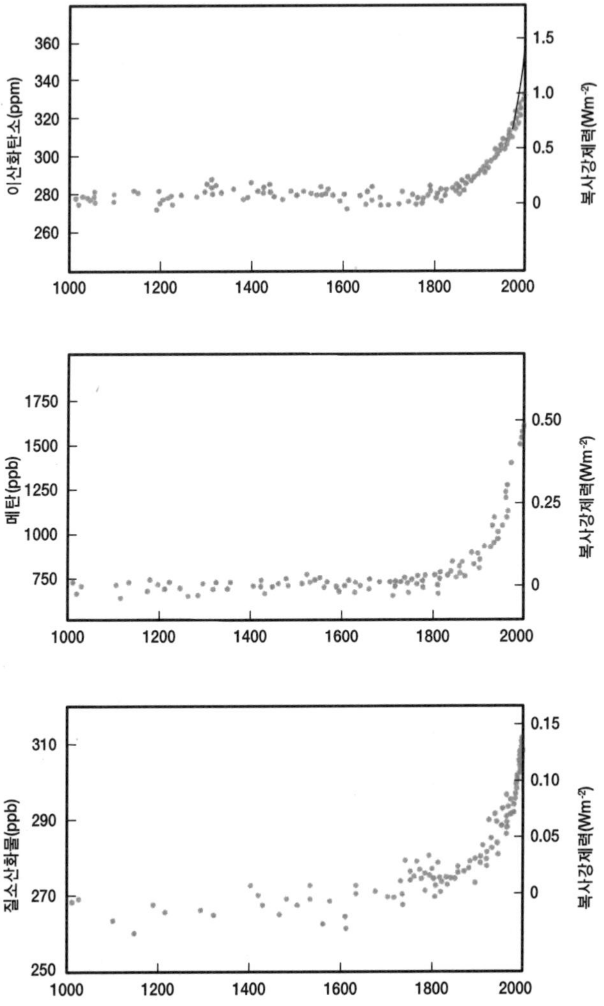

	CO_2 이산화탄소	CH_4 메탄	N_2O 질소산화물	CFC-11 프레온-11	HFC-23 플루오로포름	CF4 테트라플루오르메탄
산업화 이전의 농도	280ppm	700ppb	270ppb	0	0	0
2005년 농도	379ppm	1774ppb	319ppb	251ppt	18ppt	74ppt
1998년 이후 변화	+13ppm	+11ppb	+5ppb	-13ppt	+4ppt	0
대기 수명(연)	~100 (5-200)	12	114	45	270	50000

표 1 가장 중요한 인간 유래 미량기체와 그 몇 가지 특성(출처 IPCC, 2001a)
단위 ppm, ppb, ppt는 각각 100만 분의 1, 10억 분의 1, 1조 분의 1을 뜻한다.

많겠지만, 화석에너지 자원(원유, 천연가스, 석탄)의 소비, 산업 생산의 발달, 토지 용도의 변경, 그리고 축산의 증가에서 나타나는 강한 상승세가 그 이유에 한몫한다. 인구 팽창도 중요한 구실을 한다. 자연에서는 결코 생기지 않는, 인간에 의해서만 만들어지는 염화불화탄소CFC■ 같은 물질도 대기 성분으로 진입했다. 인간이 대기에 방출해 온 여러 미량기체는 너무나 안정적이어서 수세기 동안 기후에 영향을 끼치는 잠재력을 지니고 있다. 요동에 아주 서서히 반응하는 기후의 관성과 결합해, 여러 후세대가 부담해야 할 장기적인 문제를 만들어낸다.

수증기와 오존까지도 포함하는 이들 미량기체는 특별한 성질을 지닌다. 이들은 지상에 떨어지는 태양복사(특히 가시광선의 단파장 영역)가 거의 제지받지 않은 채 대기를 통과하도록 하지만 따뜻해진 지구가 우주로 다시 방출하는 복사의 일부(비가시광선의 장파장 영역)는 흡수한다. 이것이 '온실효과'의 본질이다. 여기에 관여하는 기체를 일반적으로 '온실가스'라고 한다.

인간이 대기에 방출하는 온실가스는 비교적 수명이 길다. 이산화탄소의 경우에 수명은 제거 과정에 따라 크게 달라지는데 평균 100년이다. 더욱이 그 농도의 변화는 특정한 범위 안에서 들쭉날쭉한다. 예를 들어 이산화탄소 증가율은 1990년대에는 연간 1.5피피엠이었으나 1998~2007년에는 연간 2피피엠으로 가속화했다. 긴 수명 때문에 미량기체는 어디에서 처음으로 방출되었든 상관없이 지구 행성 전체에 흩어지면서 그 효과를 전 지구적으로 발산한다. 이 기체를 흡수하는 기존의 과정으로는 인간이 배출■하는 온실가스를 대기에서 완전히 제거하는 데 충분하지 않기 때문에, 그 농도는 상승한다. 이 과정은 쌓여가는 공공 부채와 닮았다. 새로운 빚이 계속 추가되어 빚은 점점 더 많이 쌓인다. 새로운 빚을 몇 퍼센트 정도 줄이더라도 늘어나는 빚의 부담을 없앨 수는 없다. 온실가스 배출을 작은 규모로 감축한다면 그에 상응하는 작은 효과만을 낼 것이다. 대부분 미량기체의 농도는 여전히 계속 증가할 것이며 그리하여 기후에 끼치는 영향도 점점 커질 것이다.

자연의 온실효과

기후 문제에 관한 논의에는 '온실효과'라는 말이 자주 따라붙는다. 그것은 지구 대기의 자연스러운 속성이다. 사실 우리는 온실효과 덕분에 지구에서 최적의 생활 조건을 보장받고 있다. 물질은 광자(방출)의 형태로 온갖 파장의 전자기 복사를 방출한다. 그리고 방출하는 물질의 열이 높을수록 이런 방출은 증가한다. 예를 들어 태양의 (뜨거운) 표면에서 일어나는 전자기 복사의 방출은 (대략 0.2~5마이크로미터 파장) 가시광선 형태로 에너지를 지구에 공급한다. 물질은 전자기파 복사를 삼켜버리기도 한다.(흡수)■ 환경에는 추가 에너지가 들어오고 그래서 일반적으로 따뜻함을 느낄 수 있다. 지구 기후 시스템의 온도는 태양의 온도보다 훨씬 낮기 때문에, 지구 표면 그리고(또는) 대기 성분에서 방출되는 전자기파 복사의 대부분은 스펙트럼상에서 볼 때 (대략 3~100마이크로미터 파장) 비가시광선 영역, 즉 '열적' 영역에서 발생한다. 그래서 '열적 복사'라고도 한다.

온실효과에서는 또한 방출과 흡수가 파장에 따라서, 특히 기체에 따라 크게 달라질 수 있다는 점이 중요하다. '방출선'이나 '방출 대역' 같은 용어가 자주 등장하는 것도 이 때문이다. 수증기 H_2O와 이산화탄소 CO_2라는 두 가지 중요한 온실가스에 의한 흡수와 방출은 특히 그런 대역에서 일어난다. 이와는 대조적으로 산소 O_2와 질소 N_2라는 대기의 주요 기체들은 스펙트럼의 중요한 대역에서는 유의미한 방출이나 흡수를 나타내지 않는다. 그래서 미량기체가 지상 기후에 큰 영향력을 행사하는 주요 요인인 셈이다.

지구에 대기가 없다면, 지표면의 온도는 복사된 태양에너지와 지구 표면이 내보내는 열적 복사 사이의 균형에 의해서만 결정될 것이다. 오늘날 지구가 반사하는 태양 광선의 비율(알베도)로 보면, 대기가 없을 때 지구의 평균 표면 온도는 대략 섭씨 영하 18도가 되어야

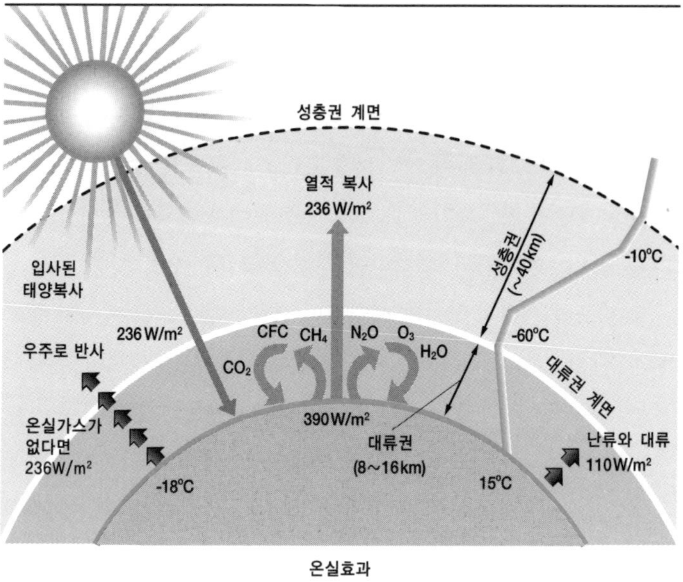

그림 6 대기의 복사 총량과 자연적 온실효과를 보여주는 계통도

하지만 현재 기온은 대략 영상 15도이다.(그림 6) 심지어 우리 대기가 순수하게 산소와 질소만으로 이루어져 있다 해도(어쨌든 대기의 주요 성분이지만) 사정은 거의 바뀌지 않을 것이다. 즉 우리 행성은 얼음 사막이 될 것이며 우리가 아는 생명체는 아마 결코 출현하지 않았을 것이다.

그렇지만 수증기, 그리고 이보다는 어느 정도 적은 수준에서 이산화탄소(그리고 다른 미량기체)는 소량의 태양복사를 흡수하고, 또한 스스로 열적 복사를 방출한다. 지표면 쪽을 향하는 대기의 열적 복사는 흡수되는 태양복사보다 더 크기 때문에, 이들 기체가 없을 때보다 더 큰 에너지가 지표면에 공급된다. 이런 과정은 지표면과 (여러 운반 과정의 결과로) 대기의 하층을 더욱 따뜻하게 해준다.

지구 표면이 따뜻해지면 대기의 상층 끝에서는 복사 균형을 맞추려는 조정이 일어난다. 왜냐하면 장기간 평균으로 볼 때 지구가 우주로 방출하는 열적 복사와 태양에서 지구로 흡수되는 복사가 등가를 이루어야 하기 때문이다. 지구 표면에서 위쪽으로 복사되는 에너지는 (부분적으로) 대기의 미량기체에 흡수되어 일부만이 우주로 나아간다. 이들 기체는 자기 온도의 작용으로 스스로 에너지를 방출하는데, 고도가 높을수록 온도가 떨어지기 때문에 그 에너지는 지표면에 있을 때의 에너지에 비해 훨씬 더 낮다. 그러므로 지표면의 온도가 일정하게 유지되고 미량기체의 양이 증가한다면, 지구 표면을 떠나 우주로 나아가는 열적 복사에너지는 훨씬 더 적어지게 된다. 이렇게 생긴 복사 수지의 결손 부분은 지표면 온도가 상승하면서 지구 표면이 더 많은 열적 복사를 방출하는 식으로 채워져 균형을 이루게 된다. 여기에서 중요한 조력자가 대기에서 복사의 창문 구실을 하는, 대략 10마이크로미터 길이의 파장을 지니는 특정한 스펙트럼 영역이다. 그 창문을 통해서 지구 표면의 복사는 구름 없는 대기를 뚫고 우주로 탈출할 수 있다.

열적 복사에 대한 우주 공간의 위성 관측값을 보면, 지구 표면의 온도가 자연의 온실효과 덕분에 대기가 없을 때와 비교해 대략 섭씨

33도 정도 상승했다는 결론에 이르게 된다. 수증기가 지구 생명체를 유지하게 하는 온난화에 가장 크게, 대략 3분의 2가량 기여한다. 다음으로는 이산화탄소가 15퍼센트 정도 기여하며, 오존이 대략 10퍼센트, 그리고 마지막으로 질소산화물과 메탄이 각각 3퍼센트 정도 기여한다. 비록 농도는 낮지만 미량기체의 존재 자체가 우리 기후를 결정하는 중대한 요인 중 하나임을 알 수 있다. 종종 인간이 온실효과에 끼친 기여 몫이 양으로 따지면 2퍼센트밖에 안 된다고들 이야기한다. 이 사실 때문에 일부에서는 기후에 끼친 인간의 영향이 무시할 만한 수준이라는 결론을 이끌어낸다. 그러나 온실효과가 섭씨 30도 이상의 기온 상승에 기여한다고 할 때, 거기에서 2퍼센트는 대략 섭씨 0.6도에 달한다. 많든 적든 이것은 지난 100년 동안에 나타난 지구 온난화의 몫에 상응하며, 기후 시뮬레이션 모형에서 그것이 인간의 탓인 것으로 드러나고 있다. 그러므로 이런 '회의론적 주장'은 오히려 기후 연구의 결과를 재확인해 주는 것이다. 이런 식의 숫자 놀이는 비판적으로 도전받아야 하며 끝까지 철저하게 계산되어야 한다.

이렇게 미량기체가 끼치는 전반적인 효과는 대기 하층에서 열을 잡아두는 것이다. 다른 식으로 말하면, 대기는 열적 복사는 그대로 투과시키지 않지만 태양복사는 대부분 그대로 투과시킨다. 태양의 빛은 유리를 투과하지만 열은 투과하지 못하는 일반 온실에서 나타나는 과정과 비슷하기 때문에, 지금 설명하는 이런 현상을 '자연적인 온실효과'라고도 한다. 온실효과의 원인이 되는 대기의 기체는 온실가스라고 한다. 기본적으로 온실가스가 온실의 유리와 같은 역할을 한다. 하지만 갖가지 기후 과정을 해석할 때 온실의 모든 이미지를 너무 직접적인 비유에 써서는 안 된다. 실제의 온실에서 나타나는 물리적인 과정은 대기에서 일어나는 물리적 과정과는 너무도 다르다. 더욱이 구름과 함께 움직이는 대기의 조건은 당연히 농부나 정원수가 관리하는 온실의 조건에 견주어 훨씬 더 복잡하다.

인간 유래 온실효과

자연적으로 생기는 온실가스(예를 들어 이산화탄소)가 인간의 영향으로 증가할 때, 또는 염화불화탄소CFC처럼 자연에 없던 새로운 온실가스가 더해질 때, 그런 변화는 우리 기후에 충격을 줄 수밖에 없다. 증강된 (인간 유래) 온실효과 때문에 생기는 대기 중 온실가스의 농도 증가는 필연적으로 지구 표면과 대기 하층의 기온 상승으로 이어진다. 기후에 영향을 끼칠 수 있는 다른 요인들, 예를 들어 비행기가 만드는 비행운contrail과 에어로졸■ 방출 같은 요인들은 지금 상세히 다루지는 않겠다.(제4장의 「비행기 구름의 역할」 참조) 그림 7은 산업화가 시작된 이래로 우리 기후에 영향을 끼치고 있는 여러 가지 (인간에서 유래한, 그리고 자연적인) 외부 요인의 '복사강제력'radiative forcing을 보여준다. 복사강제력은 대기의 성분구성에 나타나는 변화들, 토지 용도 변화와 태양의 복사 요동에 의한 지표면 알베도의 변화 때문에 일어난다. 화산 때문에 단기간에 생기는 복사강제력은 여

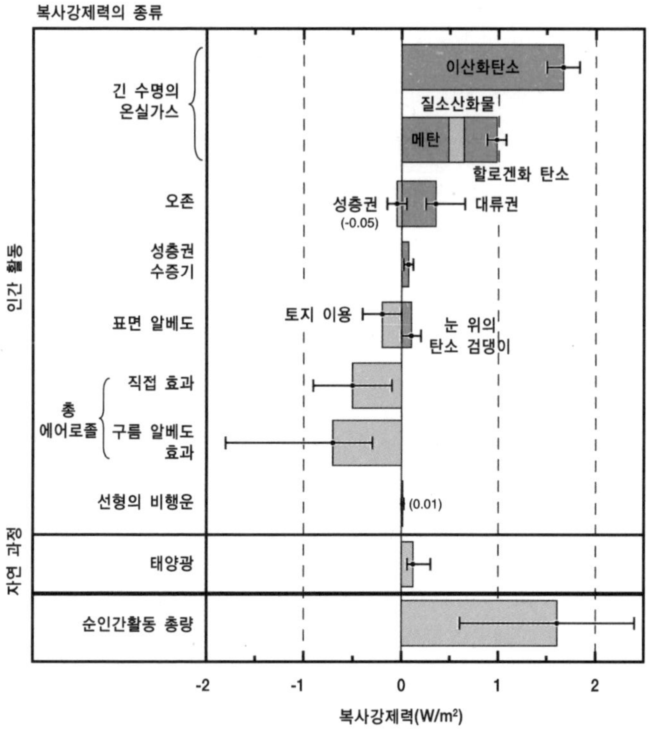

그림 7 복사강제력의 주요 요소들

여기에서 수치들은 산업화가 시작된 시기(대략 1750년)와 비교한 2005년의 복사강제력을 나타낸다. 인간 활동은 긴 수명을 지닌 가스와 오존, 수증기, 표면 알베도, 에어로졸, 비행기구름에 눈에 띄는 변화를 일으킨다. 1750년과 2005년 사이에 정도의 차이는 있지만 태양광의 자연적 강제력은 줄곧 상승하기만 했다. 양의 강제력은 기후 온난화로 이어지며 음의 강제력은 냉각화로 이어진다. 유색 막대에 표시된 가늘고 검은 선은 해당 수치가 지니는 불확실성의 범위를 나타낸다.(IPCC, 2007에서 재인용)

기에서 고려하지 않았다.

안정적인 온실가스의 농도는 앞에서 말했듯이 체계적으로 증가하고 있다. 산업화 시작 이래 오늘날까지 이산화탄소는 대략 30퍼센트가량 증가했다. 메탄은 대략 150퍼센트, 질소산화물은 대략 17퍼센트 증가했다. 상승분의 절반가량에 책임이 있는, 이런 추세의 주요 원인은 화석연료의 사용이다. 전 세계 온실가스 총 방출량 가운데 20퍼센트가량은 화학적 생산에서 나온다. 그중에서 가장 중요한 것이 염화불화탄소이다. 지구적으로 방출되는 온실가스의 다른 주요 원천은 점점 더 집약화하는 농업 생산인데, 이것이 방출량의 15퍼센트를 차지한다. 삼림 파괴가 또 다른 15퍼센트를 차지한다. 산업화 이전 시대부터 인간이 방출한 온실가스 증가로 초래된 복사강제력은 제곱미터당 2.8와트 정도의 양의 효과를 나타냈다. 이것은 온난화로 이어질 수밖에 없다. 에어로졸의 복사강제력은 음의 효과를 내어 냉각화로 이어진다. 그렇지만 후자는 인간 유래 온실가스의 복사강제력보다 작다. 태양 효과를 포함하는 모든 요인의 총합은 양이며 제곱미터당 1.6와트에 달한다. 여기에서 인간 유래 온실가스의 효과는 분명하게 지배적이다. 20세기 후반, 잘 혼합된 온실가스가 지니는 양의 복사강제력은 급속히 상승했다. 이와는 대조적으로 모든 자연적 복사강제력의 총합은 음이었다. 그러므로 인간은 지금 지구 온난화라는 형태로 거대한 기후 파괴를 유발하고 있는 중이라고 충분히 볼 수 있다. 그 첫 번째 신호는 지난 2000년 동안 경험하지 못했던 규모로 지난 30년 동안에 나타났던 급속한 지구 온난화이다.(그

림 18)

양의 복사강제력은 지구 표면과 하층 대기에 장기적인 온난화를 일으킨다. 그 온난화의 범위는 대기 중 온실가스의 농도 변화와 발맞춰 늘어나지만, 온난화는 수문학적 순환(수증기, 구름, 강수, 증발, 적설, 바다얼음)의 작용에 의해서도 강하게 결정된다. 물 순환은 이런 전개 과정을 강화하거나 억누르며 개입할 수 있는데, 온도가 여러 형태의 물 순환을 크게 좌우한다. '수증기 되먹임'■으로 알려진 메커니즘은 특히 중요하다. 하층 대기의 온도 상승 때문에 생긴 결과 중에는 이곳에 더 많은 수증기가 머물게 된다는 것도 있다. 수증기는 온실가스이다. 그래서 수증기 함유량이 늘어나면 온난화도 더욱 증가한다. 이것이 '양의 되먹임', 즉 증강 과정이다. 수증기 되먹임은 여러 가지 되먹임 메커니즘 중에서 가장 효과적인 것이라, 당연히 기후 모형에서도 고려 대상이 된다. 온난화는 지역에 따라 다르고 한 해 중에서도 시기에 따라 다르기 때문에, 그리고 온실가스 농도의 변화에 의한 복사 균형의 파괴가 바다와 대기의 구조와 지표면의 유형에 따라 달라지기 때문에, 증강된 온실효과는 강수, 구름 형성, 바다얼음 면적, 적설, 해수면의 수치를 바꾸고 다른 극한 기상의 수치를 바꾸는 일을 초래할 수 있다. 달리 말해, 복합적인 지구 기후 변화를 일으킬 수 있다. 인류에게 특히 중요한 것은 극한 기상 사건의 통계에 변화가 나타날 수 있으며 장기적으로 볼 때 몇 미터의 해수면 상승이 초래될 가능성도 있다는 점이다.

지구적 탄소 균형

인간 유래 온실효과에서 가장 중요한 온실가스는 이산화탄소이다. 그것은 혼합된 온실가스가 일으키는 효과 중에서 대략 60퍼센트를 차지한다. 메탄의 몫은 대략 20퍼센트이며, 염화불화탄소는 15퍼센트 미만일 뿐이다. 이런 숫자가 자연적 온실효과의 숫자로 오해되어서는 안 된다. 자연적 온실효과에서는 수증기가 지배적인 기체이며 대략 60퍼센트의 몫을 차지한다. 자연에 추가되는 이산화탄소의 가장 많은 부분은 원유, 석탄, 천연가스라는 화석연료를 태울 때 나온다. 그러므로 이산화탄소의 지구적 방출은 전 세계의 에너지 소비와 밀접하게 연관되어 있다. 에너지 생산이 주로 화석연료 연소에 기반을 두고 있기 때문이다. 현재 이산화탄소 배출량의 4분의 3가량은 여전히 산업화한 국가에서 나오는데, 거기에는 고작 세계 인구의 25퍼센트만이 살고 있다. 선두를 달리는 미국과 중국은 지구적 이산화탄소 배출량의 40퍼센트 정도를 차지한다. 하지만 세계 경제성장이 가속화하면서 경제성장국들tiger economies과 발전도상국의 몫, 특히 중국과 인도의 몫은 다음 수십 년 동안 빠르게 증가할 것이다.

산업혁명 이래로 이산화탄소의 대기 중 농도는 놀랄 만한 속도로 상승해 왔다. 1800년 무렵 이산화탄소 함유량은 대략 280피피엠이었으나, 오늘날에는 이미 384피피엠이나 되었다. 의심할 바 없이 이 책임은 인간에게 있다. 과거 자료를 돌아보면, 오늘날의 이산화탄소 함유량이 1000년 동안 그래왔던 것보다 훨씬 높다는 사실이 드러난

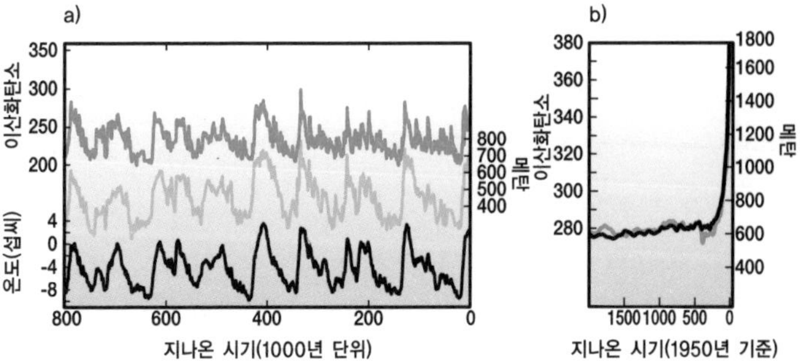

그림 8 a) 남극 대기 중 이산화탄소(어두운 파란색, ppm)와 메탄(밝은 파란색, ppb)의 80만 년 기록, 그리고 재구성한 기온(1000년 단위 평균값)
오늘날에 온실가스의 대기 중 농도는 자연적인 온실가스 변화를 고려하더라도 매우 이례적이다. (현재 이산화탄소 농도는 대략 380피피엠, 메탄 농도는 1800피피비이다.)
b) 지난 2000년 동안의 이산화탄소와 메탄 농도(Brook, 2008에서 재인용)

다. 이는 남극에서 채취한 얼음 시료 안에 포집되어 있는 공기방울을 분석한 뒤에 지구 대기의 화학적 성분구성이 어떻게 변화했는지 재구성함으로써 얻어낸 결론이다. 산소 동위원소의 측정값을 바탕으로 온도도 찾아냈다. 그림 8은 이산화탄소 함유량과 온도가 지난 80만 년 동안에 놀라울 정도로 나란히 변해 왔음을 보여주는데, 이는 두 가지 값 사이에 긴밀한 연계가 존재함을 시사한다. 온도와 메탄 농도의 관측에서도 마찬가지이다. 분명하게 온도와 온실가스 농도 사이에는 양의 되먹임이 존재한다. 즉 온도 변화가 온실가스의 농도 변화로 이어지며, 온실가스의 농도 변화는 온실효과의 세기를 바꿔 애초의 온도 변화를 증강하는 효과를 낸다. 비슷하게, 온실가스 농도의 변화가 온도 변화를 초래하는데, 변화된 온도는 다시 애초 온실가스의 농도 변화를 증강하는 효과를 낸다. 이게 바로 양의 되먹임이며, 이 때문에 기후 시스템은 상대적으로 미세한 외부 충격에도 극히 민감하게 반응한다.

그림 8은 대기 중 이산화탄소 함유량이 늘 요동했으나, 지난 80만 년 동안 대략 200피피엠과 300피피엠 사이에 있었음을 분명하게 보여준다. 2만 년 전 무렵인 마지막 빙하기에는 이산화탄소 함유량이 200피피엠에 약간 못 미쳤으며, 최근의 주요 간빙기인 대략 12만 5000년 전 에미안 간빙기Eemian Interglacial에는 거의 300피피엠이었다. 오늘날 우리는 인간 역사에서 전례를 찾아볼 수 없을 정도로 자연 요동의 범위를 분명하게 넘어선 상황에 놓여 있는 것이다. 그러니 이렇게 관측된 이산화탄소 증가의 원인을 자연적인 것에서 찾을 수 있다고 보기는 극히 어려운 일이다. 더욱이 오늘날의 관측 기술은 의문의 여지 없이 인간이 가해자임을 보여준다. 탄소 동위원소 ^{12}C와 ^{13}C를 측정하면, 탄소가 자연의 (생물 기원의) 원천에서 나온 것인지, 화석연료를 태워 생긴 것인지를 구분할 수 있다. 여러 동위원소 관측 결과를 보면, 대기 중 이산화탄소의 증가는 인간에서 유래했음을 알 수 있다. 예컨대 바다에서 방출된 기체에서 비롯한 것이 아니라는 사실을 확인할 수 있다. 게다가 대기와 바다에서 동시에 얻은 이산화탄소의 기기 측정값은 대기의 이산화탄소가 바다로 유입되며 바다가 이산화탄소 저장소의 구실을 한다는 것을 보여준

다. 이제 탄소의 지구적 순환에 관심을 돌려 인간이 배출한 이산화탄소에 어떤 일이 생기는지 알아보자.

요즘에는 전 지구 네트워크가 여러 곳에서 이산화탄소를 측정하고 있다. 최초의 측정소는 1958년에 하와이의 마우나로아 관측소 Mauna Loa Observatory에 세워졌다. 오늘날 측정 네트워크는 사실 세계 곳곳으로 이어져 측정값은 남극에서도 기록된다. 이런 측정값과 다른 여러 관측값을 이용하면, 탄소의 지구적 순환을 어림잡기도 가능하다. 기본적으로 인간이 대기에 배출하는 이산화탄소의 절반가량이 바다와 식물에 의해 포집되지만 다른 절반은 대기 중에 머물러 있다. 비록 바다와 대기 사이, 또는 육지와 대기 사이의 탄소 흐름이 인간이 파괴하는 규모보다 훨씬 더 크다 하더라도 인간 때문에 생긴 이산화탄소의 추가 유입은 현재 기후에서 지배적인 요인이다. 자연적인 탄소 흐름이 상당한 수준으로 더 크다 해도 대부분의 경우에 그 흐름은 균형을 이루고 있다. 예를 들어 정상 상태에서 바다는 흡수한 것과 같은 양의 이산화탄소를 대기에 내놓는다.(그림 9) 육지와 대기 사이의 흐름에서도 마찬가지이다. 지난 몇 세기 동안에 이런 균형 덕분에 280피피엠이라는 비교적 일정한 대기 중 이산화탄소 농도가 유지되었다. 인간은 이 평형 상태를 교란하고 있으며, 산업화 이래 대기 중 이산화탄소의 양을 급속히 증가시키고 있다.

표 2는 1990~1999년 동안 측정 기기에 기록된 것으로, 대기 중 이산화탄소의 지구적 균형을 보여준다. 이들 수치는 화석연료 소비(6.4 GtC/year; 1GtC = 10^{15}gC 또는 1PgC)로 탄소가 지구 전체에 방

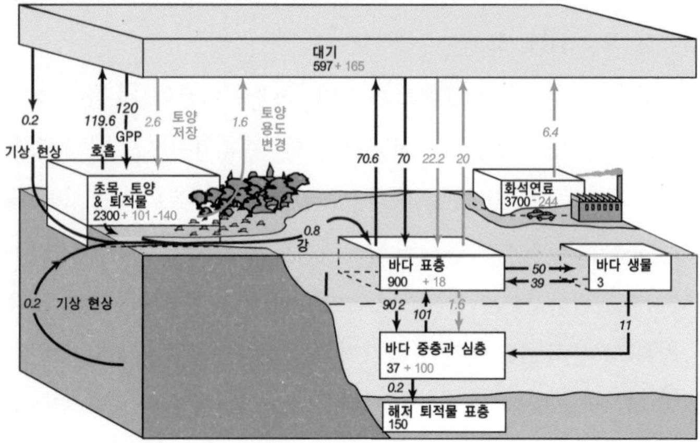

그림 9 1990년대 탄소의 지구적 순환: 주요한 연간 유동량을 GtC/year(연 기가톤 탄소) 단위로 보여준다. 산업화 이전의 '자연적' 유동은 검은색으로, '인간 유래' 유동은 파란색으로 나타냈다. 1750년 이후의 대기 중 탄소 함유량과 총 누적 유동량은 1994년 말까지의 양이다.(IPCC, 2007에서 재인용)

출되면서 대기에서는 해마다 3.2기가톤의 탄소가 증가하고* 해마다 대략 2.2기가톤의 탄소가 바다에 흡수됨을 알 수 있다. 이는 지상 생물권이 해마다 1.0기가톤의 탄소를 순수하게 흡수했다는 뜻이다. 하지만 열대우림 지역의 벌채 소각식 토지 개간을 비롯해 토지 용도

* 탄소 배출량과 대기 중 증가는 지난 몇 해 동안에 상당한 수준으로 늘어나, 2000~2005년에 각각 연평균으로 7.2기가톤과 4.1피피엠에 달했다. 바다와 육지는 2000~2007년 인간 유래 이산화탄소의 54퍼센트를 흡수했다.

방출 (화석 + 시멘트)	6.4 ± 0.4
대기 중 증가	3.2 ± 0.1
해양 저장	2.2 ± 0.4
육지 저장(순량)	1.0 ± 0.6
토지 용도 변경	1.6 ± 1.1
기타 육지 저장	2.6 ± 1.7

표 2 대기 중 탄소 균형 1990~1999
단위 GtC/year(연 Pg 탄소량)

변경 때문에 생기는 방출량(연 1.6기가톤의 탄소)까지 고려하면, 지상 생물권의 균형을 위해서는 총 연 2.6기가톤의 탄소를 떠맡는 저장 과정이 요구된다. 앞에서 연 1.6기가톤의 탄소라는 수치는 농업지역에 대한 통계와 자연-농업 지대 토양과 초목에 함유되는 탄소량을 추산해 얻은 것이다. 여기에서 특히 논쟁적인 주제 중에는 대기 중 이산화탄소의 증가 또는 인간 유래의 질소 유입뿐 아니라 삼림지대의 경작화 증대에 따른 초목의 '비옥화' 문제가 있다. 이렇게 오늘날 삼림지대의 경작화가 다시 늘면서 추가적인 탄소 결합 작용을 해낼 수 있다. 그렇지만 자연적인 기후 요동(예를 들어 해양 순환의 변화, 가뭄, 북반구의 중위도와 고위도의 온난화, 식물 생장 시기의 연장)이 이산화탄소의 대기 중 농도에 변화를 일으키는 것도 또한 가능하다.

지금까지 얘기한 탄소의 지구적 순환을 전 세계에서 얻어진 관측값을 바탕으로 생각해 볼 때, 인간이 대기 중에 배출한 이산화탄소를 완전하게 제거하기에는 탄소 저장이 충분치 않음이 분명해진다. 그래서 산업화 이래 이산화탄소 농도가 상승해 왔다는 설명도 가능하다. (메탄이나 질소 같은) 다른 관련 물질의 순환에 관한 연구도 비슷한 결과를 수치로 보여주지만 여기에서는 자세히 논의하지 않겠다. 전반적으로 보아, 지구 물질 순환을 이해하는 데에는 여전히 불확실성이 존재하지만 온실가스의 대기 중 농도 증가에 분명한 책임이 인간에게 있다는 점은 확실하다.

오존 문제

다른 기후 문제는 '오존 문제' 또는 '오존 구멍'■이라는 이름으로 알려져 있다. 오존O_3■은 주로 고도 10~50킬로미터에 있는 대기 성층권■에서 나타난다. 오존은 생물체에게 해로운 자외선 복사의 대부분을 걸러주기 때문에, 오존층이 지구에 생기기 이전에는 생명체가 바다에서 육지로 나올 수 없었다. 오존층은 우리 인간이 만든 염화불화탄소의 방출에 의해 훼손된다. 먼저 성층권의 오존과 지상의 오존이 다르다는 점을 인식해야 한다. 지상의 오존은 여름철에 인구 밀도가 높은 도시 지역에서 질소 함유 기체와 이른바 '전구물질' precursor substance이 일으키는 광화학 과정을 거쳐 생성된다. 자동차의 강제 촉매 컨버터가 이런 과정의 첫 번째 단계이다. 그래서 엄밀하게 말하면 우리는 서로 다른 두 가지의 오존 문제에 직면해 있는 셈이다.

오존은 성층권에서 산소 분자O_2가 242나노미터보다 더 작은 파장을 지닌 자외선UV-B 복사에 의해 두 개의 산소 원자로 쪼개질 때 형성된다.(광분해) 이 산소 원자 하나가 O_2 분자에 달라붙으면 오존 O_3 이 만들어진다. 이런 식으로 시간이 흐르면 대기의 산소 전체가 오존으로 변형되겠지만, 대기에는 오존이 제때에 분해되어 산소 분자를 다시 만들어내는 메커니즘이 있다. 먼저 오존은 1,200나노미터보다 작은 파장을 지닌 가시광선에 의해 쪼개지며, 둘째 산소 원자끼리 충돌해 산소 분자가 생성된다. 오랫동안 이런 메커니즘이 성층권 오존의 운명을 완벽하게 설명해 준다고 여겨졌다.('채프먼 순환') 그렇지만 오늘날에 우리는 제3의 작용이 오존 파괴에 중요한 역할을 한다는 것을 알고 있다. 즉 라디칼 분자들 HO_x, NO_x, ClO_x, BrO_x과 오존의 촉매적 작용이 그것이다. 이 작용을 '촉매적'이라고 하는 이유는, 라디칼 분자가 처음에는 몇 개의 오존 분자만을 파괴하지만 결국에는 변형되지 않는 라디칼 분자로 방출되어 다른 새로운 오존 분자에 같은 작용을 하며 계속 활동할 수 있기 때문이다. 이런 과정은 결국에 라디칼들이 오존이 아닌 다른 분자들과 작용해 안정된 성분으로 통합될 때까지 반복된다. 이 라디칼 분자의 일부는 자연에서 유래한 것이지만 대부분은 인간이 배출해 생겨난 것이다. 염소 라디칼(CFC에서 생성)에 대해 인간이 기여한 몫은 80퍼센트를 넘어선다.

어쨌든 단위 시간마다 생성되는 오존 분자의 숫자가 파괴되는 오존 분자의 숫자와 같다면 오존의 형성과 파괴는 계속 일어난다.

앞에서 설명했듯이 오존 농도는 '역동적인 평형' 상태에 있다. 오존의 형성과 파괴라는 작용은 대기의 다른 고도에서 다른 속도로 일어나기 때문에, 평형 농도는 고도에 따라 다르다. 그러므로 오존의 수직 단면을 보면, 대략 15~30킬로미터 고도에 있는 성층권에서 특별히 높은 오존 농도가 나타난다. 대기 오존의 대략 75퍼센트가 그 영역에 있기 때문에 이곳을 오존층이라고 한다. 성층권 오존의 파괴는 재난을 부를 수 있는데, 왜냐하면 그렇게 될 때 자외선 복사가 지표면까지 사실상 제지받지 않은 채 도달해 지상 생명체에 헤아릴 수 없는 결과를 초래할 수 있기 때문이다.

'오존 구멍'은 성층권의 오존 농도가 급속히 감소했음을 보여준다. 이러한 현상은 1980년 이래 남극 상공에서 해마다 증가하는 것으로 관찰되어 왔다. 오존이 급속히, 매우 뚜렷하게 분해되는 것은 염화불화탄소 때문인데, 염화불화탄소는 인간 행위자를 통해서만 대기에 유입된다. 본질적으로 오존 문제는 인간 유래 온실효과와는 무관한 것으로 간주할 수 있다. 하지만 두 가지 복합 문제는 종종 융합되곤 한다. 염화불화탄소가 인간 유래 온실효과를 일으키는 (또는 적어도 온실효과에 기여하는) 동시에 성층권 오존을 파괴하는 구실을 하기 때문일 것이다.

오존의 분해 과정에서는 오존 파괴 라디칼의 촉매작용이 중요하다. 특히 염소chlorine를 함유한 라디칼을 주목할 필요가 있다. 관측되는 것처럼 급속한 오존 파괴가 일어나려면, 통상 때보다 상당히 더 많은 라디칼이 오존층 영역에 존재해야만 한다. 성층권에 라디칼 분자가 많아지는 현상은 두 단계를 거쳐 일어난다. 겨울에 화학적 불활성 물질('저장고 기체' reservoir gas)은 촉매와 결합해 어두운 조건에서만 안정적인 성분을 만들어낸다. 이런 '전구물질'은 성층권의 입자 표면 위에서 생성되며, 이른바 이질적인 여러 반응을 거친다. 예를 하나 들면, 기체 상태의 염화질산 $ClONO_2$이 염화수소 HCl와 작용해 기체 상태의 염소 Cl_2와 질산 HNO_3을 생성하는 반응이다. 여기에서 염화질산과 염화수소는 저장고 기체가 되며 염소가 전구 기체가 된다. 남반구의 초봄(10월)에, 그 전구물질은 햇빛에 의해 쪼개져 오존 파괴 라디칼(예컨대 반응이 매우 뛰어난 두 염소 원자들이 염소 기체에서 생성된다.)을 거대한 양으로 급속히 방출한다. 그렇게 되면, 촉매성 분해 반응에 의해 파괴되는 오존 분자의 숫자가 새로 생성될 수 있는 오존 분자의 숫자에 비해 훨씬 더 많아진다. 동시에, 통상적으로 대기에서 라디칼을 제거하는 반응은 훨씬 더 천천히 일어나면서 평형 상태는 오존 농도가 지극히 낮은 상태로 바뀌게 된다. 그래서 오존층이 매우 급격하게 얇아지는데 이것을 '오존 구멍'이라고 한다. 전구물질을 생성하는 이질적 반응은 입자 표면 위에서 일어나는데, 그런 입자 표면을, 이른바 극지 성층권 구름 polar stratosphere clouds: PSC■이 일차적으로 제공한다. 그렇지만 이런 구름은 섭씨 영하 78도 이하의 온도에서만 생성된다. 그 정도의 온도는 심지어 극지의 겨울철에도 성층권에서 공기가 태양복사를 받지 않는 상태가 장시간에 걸쳐 유지될 때에만 나타날 수 있다. 더욱이, 이런 공기가 극지 상공에서 아주 긴 시간 동안 머물러야 하며, 또한 중위도에서 이동한 따뜻한 공기와 섞이지 않아야 한다.

사실, 극지의 겨울에는 공기의 교환이 강하게 방해를 받는다. 극지역 상공의 공기는 태양복사를 오래 받지 않기 때문에 중위도 상공의 공기에 비해 상당히 차갑다. 이런 온도 차 때문에 극지로 향하는 공기 흐름이 생긴다. 지구 자전의 영향을 받아서, 거대한 성층권 사이클론이 생성되는데 이것이 극지 소용돌이polar vortex■이다. 이 소용돌이가 극지와 중위도 간의 공기 교환을 차단하기 때문에 소용돌이에 들어선 공기는 어떻게 보면 극 지역 상공에서 '포획된' 셈이 된다. 이 소용돌이 안에서만 공기는 충분한 시간을 거쳐 극지 성층권 구름이 생성될 수 있을 정도로 냉각될 수 있다. 그러므로 저장고 기체에서 전구물질이 생성되고 또 엄청난 양의 오존을 파괴하기에 충분한 전구물질이 쌓이기 위해서는 안정된 소용돌이 현상이 있어야 한다. 극지방의 소용돌이는 봄철에 극지 성층권이 점차 따뜻해지고 이에 따라 공기 흐름에도 변화가 나타나면서 다시 와해된다.

지금까지 오존 구멍 현상은 남극 상공에서만 일어났다. 남극에서는 봄의 시작(9월 중순)부터 전체 오존의 양이 평시의 절반에도 이르지 못할 정도로 급속히 감소하는 현상을 관측할 수 있다. 그 원인은 성층권의 특정한 고도 영역에서 오존을 파괴하는, 간혹 완전히 파괴하는 화학적 반응이다. 그렇게 되면 오존의 수치는 6~8주 동안 낮게 유지되다가 다시 상승하기 시작해 거의 전년 수준에 도달하게 된다. 과거에 북극 상공에서도 비슷한 오존 손실이 관측된 적이 있었으나, 지금까지 그런 현상이 오래 지속된 적은 없었다.(고작해야 며칠간 지속되는 정도이다.) 또한 그 범위도 남극 상공에 비해 상대적으로 작았으며, 그래서 북극 상공에 오존 구멍이 있다고 말할 근거는 아직 없다. 두 극 지역에 이런 차이가 나타나는 이유는 본질적으로 지형(육지-해양 분포, 산악)이 다르기 때문이며, 이에 따라 북반구에 덜 안정적인 기상 조건이 나타나기 때문이다. 그래서 오존 구멍의 조건들, 무엇보다도 영하 78도 이하로 유지되는 지극히 안정적인 극지 상공 소용돌이의 조건과 15~25킬로미터의 고도라는 조건이 출현하는 상황은 남극 상공보다는 북극 상공에서 훨씬 더 드물고 훨씬 더 짧게 지속되는 것이다.

고위도 이외의 지역에서는 극지 소용돌이 내부의 특정한 조건이 없어도 성층권 오존이 급격히 분해된다. 이런 현상도 역시 이질적 반응을 거쳐 일어나는데, 이런 지역에서는 그 반응이 황산 입자 방울의 표면 위에서 일어난다. 그 과정이 남극 상공의 오존 구멍처럼 큰 규모는 아니지만 기체상 화학반응 다음으로 지구 오존 분해에 가장 중요하게 기여하는 요소이다. 중위도의 오존층에서는 역동적인 과정이 또 다른 역할을 한다. 극지 소용돌이가 와해된 이후에는, 오존이 부족한 극 지역 상공의 공기가 낮은 위도 쪽으로 이동한다. 이 과정은 오존을 파괴하지 않지만 중위도의 오존 밀도를 낮추는 역할을 한다. 오존의 국지적 파괴와 교환 과정이 어울려 중위도 상공의 오존 밀도 저하를 초래하는데, 이는 천천히 진행되지만 여러 해에 걸쳐 유지된다. 밀도 저하는 위도에 따라 달라 10년마다 2퍼센트 내지 7퍼센트에 이른다. 지구 오존층의 약화로 인해 생물권은 실제적인 위험에 노출되며, 그런 위험은 극지 상공에 비해 태양복사가 훨씬 더 강렬한 지역에서도 마찬가지이다.

극지 성층권 구름은 오존층 파괴에서 중요한 구실을 한다. 그렇지만 이런 구름은 영하 78도 이하 온도에서만 생성되기 때문에, 그리고 그 정도의 저온은 ‘극야’ 현상이 이어지고 공기 교환이 적은 안정적인 기상 상황(극지 소용돌이)이 갖춰지는 남극 상공에서만 몇 주 동안 유지되기 때문에, 현재 오존 구멍은 남극에서만 나타난다. 그런데 인간 유래 온실효과는 대기의 하층을 데우겠지만 사실상 성층권은 차갑게 만들 수 있다. 이 때문에 극지 성층권 구름이 생성하는데 더욱 좋은 조건이 갖추어져 오존 파괴가 더욱 가속화할 수 있는 위험이 있다. 결과적으로 몬트리올 의정서■가 국제정치계에 제시했던 오존층의 복원 가능성도 늦춰질 수 있다.

인간 유래 온실효과가 초래할 수 있는 다른 가능성은 성층권 공기 순환의 변화, 특히 북반구 겨울철에 극지 소용돌이가 더욱 강력해질 수 있다는 것이다. 성층권의 냉각화와 공기 순환의 변화가 발생하면 남극과 북극 사이의 차이는 줄어든다. 이는 곧 북극과 북부 유럽의 상공에서도 또 다른 오존 구멍이 생성될 가능성이 상당히 높아짐을 뜻한다. 진행되는 기후 변화가 유럽 상공의 오존층에 더 심각한 결과를 초래할 수도 있을 것이다. 즉 대류권■의 고기압 영역이 대류권과 성층권의 경계면(대류권 계면tropopause)과 오존층이 있는 성층권을 밀어올린다는 사실이 알려져 있다. 오존의 생성과 분해는 고도에 따라 달라지는데 더 높은 고도에서 분해가 약간 더 강해지기 때문에 모든 고기압 영역의 상공에서 오존층은 약간 더 얇아진다. 여러 가지 기후 모형 순환은 서부 유럽의 상공에서 기압이 더 높아질 것으로 예측한다. 그것은 연평균으로 볼 때 오존층이 더 얇아짐을 의미한다. 그러나 이 문제에 대해 결론적인 과학적 평가는 아직 제시되지 않았다. 이런 점에서, 전통적인 기후 모형을 이제는 정교한 화학 모형과 연계해야 할 것이다. 물리적인 과정과 화학적인 과정의 복합 상호작용을 시뮬레이션하는 최초의 결합 모형은 현재 개발 중에 있다. 초기 결과물들은 온실효과의 증가로 인해 오존 복원이 늦춰지는 그림을 실제로 보여주고 있다.

3 기후의 변동성과 예측

기후는 왜 요동하는가

기후의 두드러진 특징 중 하나는 극적인 변동성, 즉 폭넓은 요동을 보인다는 점이다.(그림 8 참조) 올해가 지난해와 같지 않으며, 이번 10년이 저번 10년과 같지 않다. 과거에 대부분의 기후 변화는 자연스럽게 일어났다. 이런 자연적 기후 요동에 섞여 있기 때문에 인간 유래 기후 변화를 찾아내는 일은 복잡해진다. 기후 요동은 수개월에서 수백만 년까지 다양한 시간 척도에서 관측된다. 원칙적으로 우리는 두 종류의 기후 요동, 즉 외적인 것과 내적인 것을 구분한다. 외적인 기후 요동이 '외부'의 요란에서 비롯하는 데 비해, 내적인 기후 요동은 여러 기후 하위 시스템■ 내부에서 또는 그들 간에 이루어지는 상호작용에서 일어난다. 외적인 기후 요동으로 가장 잘 알려진 예가 빙하기이다. 이런 요동은 얼음이 이례적으로 넓게 확산되면서 일어나는 추운 시기이며, 그 원인에는 지구궤도의 매개변수에 나타나는 변화가 포함된다. 인간 유래 온실효과도 화산 분출로 야기되는 기후 변화와 마찬가지로 외적인 기후 요동 중 하나로 꼽힌다.

기후 요동은 일반적으로 우리를 둘러싼 대기의 속성들(예컨대 대기의 온도나 강수의 빈도)에 나타나는 장기적인 변화로 인식되지만, 기후 요동의 원인이 반드시 대기 내부에서 발견되는 것은 아니다. 눈에 띄는 점은 그 원인들이 기후 시스템의 불활성 요소들(바다, 바다얼음, 빙상, 생물권)과 대기의 상호작용에서 비롯할 수 있다는 것이다. 그래서 이론물리학의 '브라운 운동'■과 비슷하게 1976년에 하셀만Hasselmann이 제시한 '확률론적 기후 모형' stochastic climate model의 개념에 의하면, 기온과 바람의 단기 요동은 바다와 바다얼음의 장기 요동을 유발한다. 해수면 온도와 바다얼음 면적의 변화는 다시 기상의 대기 과정에 변화를 초래한다.(제3장의 「북대서양 진동」 참조) 관측 자료들은 시간 척도가 커질수록 기후 요동이 (또다시 브라운 운동과 비슷하게) 더 강해짐을 보여준다. 그래서 빙하기의 기온편차는 중세 소빙하기 때보다 더 컸으며 소빙하기의 기온편차는 현재 관측되는 연간 기온 요동보다 더 큰 폭으로 나타났다.

엘니뇨/남방진동

단기적인 내적 기후 요동으로는 엘니뇨/남방진동El Niño/Southern Oscillation : ENSO■ 현상이 가장 강한 요동이다. ENSO는 바다와 대기

간의 거대한 상호작용을 보여주는 전형적인 사례이며, 적도 부근 동태평양의 해수면 온도에 나타나는 이상 현상anomaly에 의해 표출된다. 열대 태평양에서 유래하지만(그림 10) ENSO는 그 지역만이 아니라 훨씬 더 넓은 지역의 기후에 영향을 끼친다. ENSO, 즉 엘니뇨의 온난화 국면이 초래하는 결과에는 동남아시아와 오스트레일리아의 가뭄도 포함된다. 또한 엘니뇨는 남아메리카의 서부를 따라 길게 이어지는 지역에 많은 비를 내리게 하며, 북아메리카에 두드러지게 이상기후를 초래한다. 엘니뇨가 특히 강력할 때에는 유럽에도 영향을 끼친다. 게다가 ENSO는 지구 기후뿐만 아니라 아시아-태평양 지역의 생태계, 그리고 오스트레일리아와 페루 같은 여러 나라의 경제에도 영향을 끼친다. 대기 중 이산화탄소 농도도 ENSO의 영향이 극단화할 때에는 단기간으로 변한다. ENSO, 그리고 북대서양 진동 NAO(제3장의 「북대서양 진동」 참조) 같은 다른 내적 기후 요동에 대한 시뮬레이션과 예보는 기후 모형의 질을 검증하는 데 사용되는 좋은 재료이다. 어쨌든 실재를 잘 반영하는 기후 모형이라면 평균적인 기후만이 아니라 요동의 범위도 시뮬레이션해 낼 수 있어야 하기 때문이다.

엘니뇨는 적도 지역 동태평양의 상층 해양수에 나타나는 거대 규모의 온난화를 가리킨다. 그것은 평균적으로 4년에 한 번꼴로 출현한다. '엘니뇨'는 스페인어로 '아기 예수'를 뜻하는데, 지지난 세기 페루 연안에 살던 어부들이 만들어 쓰던 말이었다. 어부들은 해마다 크리스마스 무렵 해수면 온도가 상승하면 고기잡이철도 끝난다는

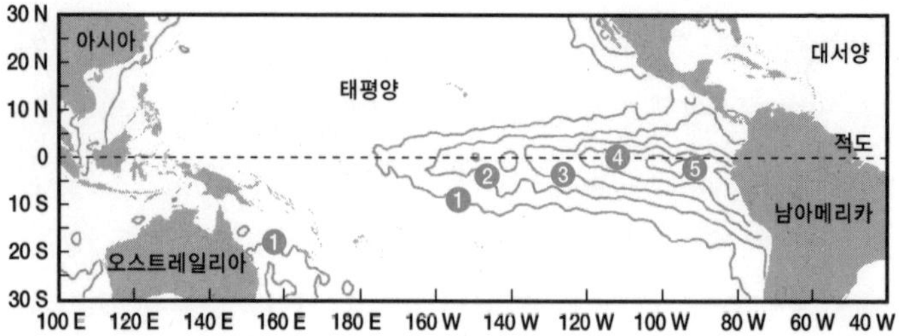

그림 10 1997년 엘니뇨 때 관측된 해수면 온도의 이상 현상. 단위 섭씨온도(℃)

것을 보아왔기 때문에 이런 계절적인 이름을 붙였다. 그러나 몇 년마다 그 온난화가 너무 강해져 물고기들은 제철인 늦봄에도 돌아오지 않았다. 이렇게 특히 강력한 온난화는 대략 한 해 동안 지속되는 게 전형적이었다. 오늘날에는 이런 예외적인 온난화만을 '엘니뇨'라고 부른다. 이와 비슷하게, 예외적으로 강력한 한랭화도 관측되는데 그것에는 비슷하게 '라니냐'■라는 이름이 붙었다.

그림 10은 1997년 12월에 나타난 '슈퍼 엘니뇨'를 관측한 것인데, 장기 평균에서 벗어난 해수면 온도를 보여준다. 여기에서는 이런 온난화에 나타나는 거대 규모의 특징을 뚜렷하게 볼 수 있다. 즉, 온난화는 적도 부근에서 지구 원주의 4분의 1 이상에 걸쳐 나타난다. 엘니뇨의 전형적인 온난화 패턴은 가장 강력한 온도 상승이 적도 부근 동태평양에 나타난다는 점이다. 남아메리카 해안의 먼 바다에서는 섭씨 5도 이상 상승한다. 또한 엘니뇨가 일어나면 열대 인도양의 온

난화나 북태평양의 한랭화처럼 다른 지역의 해수면 온도에서도 변화가 일어난다. 북태평양의 한랭화는 엘니뇨 온난화의 결과로 이 지역의 대기 순환에 변화가 생기면서 유발된다. 그런 효과를 '원격 연관' teleconnection이라고 한다.

엘니뇨의 발달은 '남방진동'이라고 불리는 대기 현상과 긴밀하게 연결되어 있다. 엘니뇨와 남방진동의 긴밀한 연계 때문에, 오늘날에는 일반적으로 '엘니뇨/남방진동' ENSO 현상이라고 한다. 남방진동은 동남아시아의 저기압 영역과 동남 태평양의 고기압 영역 사이에서 일어나는 일종의 기압 진동 pressure swing을 가리키는 말인데, 이에 따라 태평양 적도를 따라 부는 무역풍■의 세기가 결정된다. 적도 태평양의 해수면 온도가 무역풍의 세기와 더불어 변한다는 것, 그리고 이런 변화가 생기는 과정은 이미 알려져 있다. 무역풍의 영향을 받아 남아메리카 해안의 바다에서 차가운 바닷물이 솟아올라 동태평양의 적도를 따라 흐르고, 그래서 이 지역의 바다 온도를 서태평양의 온도보다 훨씬 더 낮게 떨어뜨린다. 그 온도 차는 대략 섭씨 10도에 이른다.

동태평양의 초기 온난화, 그리고 이와 연계된 동-서 온도 차의 감소는 남방진동을 약화시킨다. 즉 기압은 서태평양에서는 상승하지만 동태평양에서는 하강한다. 그래서 무역풍은 약해지고 동태평양에서 차가운 물의 솟아오름이 약해진다. 이로 인해 이 지역의 해수면 온도는 훨씬 더 높아지고 동태평양과 서태평양의 온도 차는 줄어들어 다시 무역풍을 더 약화시킨다. 바다와 대기의 이런 불안정한 상호작용은 결국에 엘니뇨 사건에서 절정에 이르러, 동태평양에는 이례적으로 높은 온도와 '잠든' 무역풍이 찾아온다. 이와 비슷한 원리로, 엘니뇨의 '차가운 누이'cold sister로 불리는 라니냐 효과의 영향을 받으면 그 과정은 역전되어 적도를 따라 강한 온도 차와 강한 무역풍이 나타난다. 이것이 라니냐의 특징이다.

이처럼 바다와 대기의 양의 되먹임은 초기 요동이 성장하고 증폭하는 과정을 보여줄 뿐 아니라 적도 태평양의 요동에 나타나는 진동적인 특성을 보여준다. 널리 알려진 한 가설에 따르면, 이런 국면의 역전, 즉 엘니뇨 상태에서 라니냐 사건으로 진동하는 이유는 긴 해양파의 확산 때문이다. 엘니뇨 사건 때에 무역풍이 서서히 잦아들게 되면, 이는 먼저 동태평양에 직접 영향을 끼친다. 즉 차가운 물의 솟아오름이 줄어들어 온난화가 촉진된다. 하지만 다른 간접 효과가 여기에 더해진다. 약해진 무역풍으로 인해 서태평양에 파도가 일어나는데, 이로 인해 이곳에서 차가운 물이 더 많이 솟아오른다. 하지만 이곳의 바닷물은 깊은 혼합층을 이루고 있기 때문에 서태평양의 해수면 온도에는 영향을 주지 않는다. 이 파도들은 적도에서 남북 쪽으로 위도 몇 도 정도에 이르는 최대의 폭을 이루며 먼저 서쪽으로 이동한 다음 오스트레일리아 북부Asian Australia 쪽으로 갔다가 튀어나온다. 그로 인해 파도의 유형이 변한다. 그러면 솟아오름의 신호signal는 이 파도들과 함께 적도를 따라 동쪽으로 이동한다. 혼합층이 얇은 동태평양에 파도들이 도달하면 해수면 온도를 떨어뜨려 라니냐 사건으로 변화를 유발한다.

이런 점에서 ENSO는 어느 정도는 예측이 가능한 주기적 현상으로 이해할 수 있다. 오늘날에 기후 모형은 엘니뇨와 라니냐 사건, 그리고 두 사건에 수반되는 지구 규모의 기후 변화를 6개월 정도 미리 예측하는 능력을 갖추고 있다. 20년 전에는 ENSO 예보가 계절예보 분야의 획기적 진전을 대표했다. 오늘날 ENSO 예보는 여러 기상센터에서 발표하고 있으며, 여러 나라 정부의 정책 결정에 사용된다. ENSO 같은 기후 현상을 실재와 비슷하게 시뮬레이션하는 일은 지구 기후 변화와 관련한 쟁점을 풀기 위해 기후 모형을 활용하는 데에서 중요한 선결요인이 된다.

북대서양 진동

ENSO가 주로 열대지방에 관한 것인 데 비해, 북대서양 구역과 유럽, 그리고 북아메리카의 기후는 북대서양 진동North Atlantic Oscillation: NAO이라는 또 다른 현상에 의해 강하게 결정된다.(Hurrell, 1995 참조) 그러나 NAO 변동성의 동역학dynamics은 극히 복잡해, 중위도에서 일어나는 변동성의 기초를 이해하는 데에는 다소 장황한 설명이 필요하다. ENSO와 마찬가지로 NAO도 내적인 기후 요동이며, 수십 년 전부터 알려져 왔다. 1920년대에 남방진동의 발견자이기도 한 워커Walker가 이런 현상을 기술했다. 그것은 '아이슬란드 저기압'과 '아조레스 제도〔대서양 중부에 있는 포르투갈령 화산 제도—옮긴이〕의 고기압' 사이에서 일어나는 일종의 기압 진동이다. NAO의 특징은 북대서양의 표면 압력의 장에 쌍극자〔작은 자석과 같이 양과 음의 자극 또는 전극이 서로 마주 대하고 있는 물체—옮긴이〕가 나타난다는 점이며(그림 11 a), 그래서 겨울에 이 지역에서 부는 서풍의 세기에 큰 영향을 끼친다는 점이다. 간단한 NAO 지수는 아이슬란드와 리스본(포르투갈) 사이의 압력 차이다. NAO 지수가 높다는 것은 아이슬란드의 저기압이 이례적으로 강하고 아조레스의 고기압이 이례적으로 강함을 뜻한다. NAO 지수가 낮으면 아이슬란드 저기압이 이례적으로 약하고 아조레스 고기압이 이례적으로 약함을 보여준다.

그림 11 b의 NAO 지수는 두 관측소에서 표준 측정이 시작된 1860년 이래 10년 간격의 두드러진 요동을 보여준다. 20세기 초에는 상대적으로 높은 값이 측정되었으며, 1960년대에는 극소점에 이른 뒤에 다시 상대적으로 강하게 상승했다. 지난 세기의 마지막 30년 동안 NAO 지수의 상승은 겨울철 북반구, 특히 유라시아 지역의 온난화에 상당한 정도로 영향을 끼쳤다. NAO 지수의 상승이 인간 유래의 영향 때문인지 또는 자연적인 원인 때문인지는 분명하지 않다. 그렇지만 장기적으로 볼 때 NAO는 지구 온난화의 결과로서 더 강해질 것으로 예측된다. 그러나 지구 온난화의 양은 여전히 아주 작기 때문에 앞으로 수십 년간 우리 기후는 대부분 자연적 요동에 의해 결정될 것이다. 이런 점에서 NAO 지수가 다가오는 수십 년 안에 다시 음의 국면으로 바뀌어, 북부와 중부 유럽에 혹독한 겨울을 몰고옴으로써 지구 온난화의 영향을 단기적으로 누그러뜨릴 개연성이

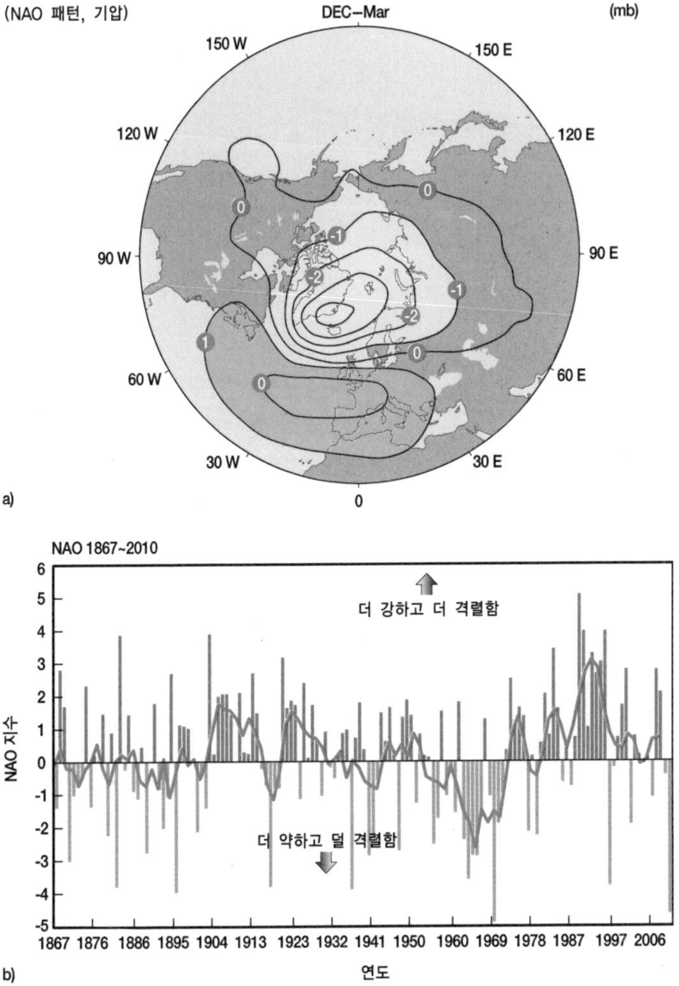

그림 11 a) 북대서양 진동, 아이슬란드 저기압과 아조레스 고기압의 상호작용
b) NAO 지수

높아지는 것도 충분히 가능한 일이다. 그렇지만 장기적으로는, 즉 21세기 후반에 인간이 경로를 바꾸지 않는다면 지구 온난화는 NAO의 자연적 요동보다 더 우세하게 나타날 것이다.

NAO 지수에서는 더 짧은 시간 규모의 요동도 발견된다. 예를 들어 지난 세기의 후반 동안에 대략 10년 시기를 지니는 유사 10년 주기의 진동이 강하게 눈에 띈다. 그렇지만 특히나 놀라운 것은 해마다 달라지는 강한 변동성이다. 시계열time series이 너무 짧기 때문에 특징적인 시간 척도를 입증하기는 어렵다. 그러나 NAO 지수의 스펙트럼이 시간 척도가 커질수록 그 진폭amplitude이 더 강해진다는 점에서 무언가 '빨간등'을 보여준다는 점은 명확하다. 이것은 바다 순환에서 예컨대 열염 순환의 느린 변화, 그리고 이와 연계된 바다 온도의 변화가 대기에 영향을 준다는 사실을 보여주는 것일 수도 있다.

NAO의 변화는 북대서양 구역 전반의 기후에 영향을 끼친다. 예를 들어 유럽의 표면 온도와 강수는 모두 NAO의 영향을 강하게 받는다. 지난 50년에 걸쳐 함부르크(독일)의 겨울 기온과 NAO 지수의 상관성은 0.8 정도로 나타났는데 이는 강하게 연계되어 있음을 뜻한다. 대서양의 폭풍 주기도 NAO와 밀접한 상관성을 지닌다. NAO 지수가 높은 국면은 북유럽에서 대체로 온화한 온도, 강수량 증가, 그리고 더 잦은 폭풍과 연관되어 있다. NAO는 어업, 보험과 에너지 부문처럼 기후 연구 바깥 분야와도 관련되어 있다. NAO의 영향은 비스베크Visbeck 등이 쓴 1998년 보고서에 잘 요약되어 있다. 그러나 개별적인 극한의 기상 사건은 전적으로 NAO와 무관하게 일어날 수 있다는 점도 이 대목에서 또한 언급되어야 한다. 1997년 여름 오데르 강 범람과 2002년 여름 엘베 강 범람 때 나타난 이례적인 집중 호우가 그런 사례인데, 이들은 제노바 사이클론(Vb-유형의 기상 체제)의 현상에서 비롯한 것이다.

대기 순환과 바다 순환에 모두 나타나는 주요 변화는 지난 수십 년 동안에, 특히 북대서양에서 관측되어 왔다. 바다 순환의 요동은 거대 규모의 대기 순환, 무엇보다 NAO의 장기 변화에서 그 원인을 찾을 수 있다.

거꾸로, 북대서양 해수면 온도의 느린 변화는 NAO에 영향을 주는 것으로 보인다. 그러므로 장기 요동은 적어도 바다와 대기를 짝지어 연계한 상태에서 다루어야 한다. 앞에서 설명한 대로, 기후 시스템은 매우 다른 시간 척도를 지니는 여러 성분으로 이루어져 있다. 대기는 전형적으로 몇 시간에서 며칠에 이르는 시간 척도를 보여 주지만(예컨대 중위도 태풍의 수명은 며칠이다.), 다른 성분들은 훨씬 더 굼뜨게 행동한다. 바다얼음이나 바다 상층의 이례적 현상은 몇 주에서 몇 달에 걸쳐 나타날 수 있다. 열염 순환과 연계된 과정과 관련해 중요하게 고려해야 하는 더 깊은 바다층은 수십 년에서 수천 년에 이르는 개편 시간adaptation time을 갖는다. 그러므로 바다는 NAO의 장기 요동을 만드는 데에서 특별히 중요한 구실을 한다.

최근에는 북대서양 순환의 변화가 대기 매개변수의 변동과 상관성을 지닌다는 점이 더욱 분명해지고 있다. 그렇지만 중위도 바다와 대기 간의 상호작용을 이해하는 데에는 여전히 부족한 점이 많다. 여러 가설이 바다와 대기 간의 상호작용을 설명하기 위해 제기되어 왔다. 다른 시간 척도를 지닌 시스템 간의 상호작용에 대해서는 통계물리학에서 브라운 운동처럼 여러 측면이 얘기될 수 있다. 지나쳐 가는 여러 고기압 그리고(또는) 저기압 시스템처럼, 해수면 온도와 바다얼음의 이상 현상은 통계적으로 독립된 여러 개별적인 대기 효과의 종합에 의해 일어난다고 보기 때문이다.(제3장의 「기후는 왜 요동하는가」 참조) 이런 확률론적 기후 모형에서는 바다가 대기에 수동적으로 반응하는데, 이 모형의 개념에 따르면 전형적인 대기 강제력(예컨대 바다와 대기 간의 열 유동 같은)은 이른바 '백색 스펙트럼' white spectrum을 보여준다. 백색 스펙트럼이란 모든 시간 척도에서 동일한 진폭amplitude이 나타남을 의미한다. 그렇지만 바다는 '적색 스펙트럼' red spectrum을 보이며 반응하는데 이는 시간 척도가 늘어나면 그 요동의 진폭이 커짐을 의미한다. 바꿔 말하면, 바다는 대기 강제력에 대해 선택적으로 반응한다는 것이다. 바다의 표면 온도나 표면 염분에 나타나는 요동을 기록하는 여러 개의 긴 시계열 스펙트럼을 보면 이 개념과 일치한다.

일부 기후 스펙트럼에서 나타나는 피크peak를 보면, 특정한 시간 척도의 범주가 특별히 선택적임을 알 수 있다. 이런 점은 바다와 대기 사이에 공명하는 상호작용이 중요한 구실을 하는 확률론적 기후 모형의 기본 틀에서도 찾아볼 수 있다. 여기에서 중요한 것은 바다가 자신만의 잦아드는 진동damped oscillation을 만들어낼 수 있다는 점인데, 그런 현상은 한바탕의 바람에 의해 흔들거림의 운동이 만들어지는 것과 같은 방식으로 대기의 기상 '잡음'에 의해 유도되어 일어난다. 이 경우 바다에 이는 진동의 대부분은 대기 추동력의 패턴과 공명을 이루는 패턴을 바다 표면 위에 만들어낸다. 확률론적 기후 모형의 이런 일반 개념은 대기에서는 백색 스펙트럼을, 바다에서는 적색 스펙트럼을 보여주지만 바다 스펙트럼의 특정한 피크 주파수가 적색 배경의 위쪽에 놓이게 된다.

그렇지만 일부 지역에서는 피크 주파수가 바다와 대기 변수의 스펙트럼에서 모두 다 나타난다. 이는 바다는 대기에 반응하고 대기는 바다에 반응하는 바다와 대기 간의 역동적인 상호작용 때문일 수 있다.(Bjerknes, 1969) 앞에서 설명한 열대지방의 ENSO 현상은 이런 종류의 역동적 상호작용을 보여주는 전형적인 예이다. 비슷하게 짝으로 연계된 현상이 중위도에도 존재할 수 있다. 그러나 중위도 지역에서는 바다의 반응 시간이 상대적으로 길기 때문에 이런 현상이 대개 몇 십 년의 주기를 지닌다.(Latif & Barnett, 1994) 이런 시나리오 중에서 NAO와 관련한 것들이 현재 연구 대상이 되고 있다.

불충분한 관측 데이터 때문에, 우리는 통상의 바다 순환과 다양한 시간 척도에 따른 그 요동을 상세하게 다 묘사할 수 없으며, 바다 순환과 NAO의 상호작용을 더 면밀하게 살펴볼 수 없다. 북대서양에서 나오는 몇 가지 계열의 장기 측정 데이터만이 존재할 뿐이다. 여기에는 이른바 '래브라도 해수'Labrador Sea Water의 온도도 포함된다. 그것은 겨울철 표층수가 냉각화하면서 비롯한다. 냉각화한 바닷물은 밀도가 더 높아져 래브라도 해의 한복판에서 수심 200미터 아래까지 내려간다. 이런 대류 과정은 북대서양의 심해 열염 순환을 일으키는 중요한 원동력이라고 여겨진다. 온도가 높으면 래브라도 해수가 덜 생성되며, 온도가 낮으면 래브라도 해수가 증가한다. 래브라도 해수의 온도는 1950년부터 상승해 1970년에 최고에 이른 뒤 다시 떨어졌다. 이런 10년 단위의 요동interdecadal fluctuation은 동쪽으로 나아가는 멕시코 만류의 이동에 변화를 수반하며, 다시 멕시코 만류는 래브라도 해의 온도 변화와 연관된다. 래브라도 해와 멕시코 만류의 온도에 나타나는 요동은 NAO의 저주파 변동과도 맞아떨어지는데, 이는 짝으로 연계된 바다-대기 상호작용의 시나리오가 활용 가능함을 보여준다.

이런 상호작용의 상세한 모습은 관측 데이터가 부족하기 때문에 명확하지 않다. 그렇지만 열염 순환과 NAO 간에는 어떤 종류의 연계가 있는 것으로 보인다. 비슷한 10년 단위의 변동이 지구 기후 모형에서도 시뮬레이션된다. 그렇지만 이들 모형의 결과가 실제 상태를 반영하는지는 아직 입증되지 않았다. 모형에서 대체로 10년 단위의 요동은 짝을 이룬 바다-대기 시스템의 주기cycle에 바탕을 둔다. 비록 우리가 이런 종류의 주기가 실재하는지 알지는 못한다 하더라도 모형 연구는 바다와 대기 간의 복잡한 상호작용이 북대서양에서, 그리고 NAO에서 어떻게 10년 단위의 요동에 이르는지를 인상적으로 보여준다. 그렇지만 그런 종류의 상호작용에 관한 세부 내용은 각 모형마다 매우 다양하다는 점은 알아두어야 한다.

실제의 기후 시스템에서는 어떤 방식의 바다-대기 상호작용이 지배적인지 알지 못한다 해도, 바다에서 느리게 일어나는 변화가 대기에 영향을 끼친다는 점은 확실히 받아들일 수 있다. 멕시코 만류 같은 바다의 흐름은 엄청난 양의 열을 운반한다. 그러므로 멕시코 만류의 세기가 대서양과 인접 육지 지역의 기후 변화와 직접 연결되어 있을 개연성이 있다. 대기 순환 모형을 사용하면 해수면 온도sea surface temperature: SST의 장기 요동이 NAO에 영향을 준다는 것을 입증할 수 있다. 그 모형에 수십 년 동안 관측된 해수면 온도의 값을 집어넣는다. 관측값과 시뮬레이션 결과를 비교해 보면, NAO 중에서 적어도 장기적인 부분은 모형에 의해 재현될 수 있음을 보여준다. 이는 장기간(10년 단위)의 시간 척도에서는 NAO를 일정 정도로 예측할 수 있음을 의미한다. 그렇지만 해마다 생기는 변화들은 모형에서 정확하게 재현될 수 없다는 점도 분명하다. 그러므로 NAO의 단기 변화는 다름 아니라 예측할 수 없는, 즉 혼돈스러운 내부적인 대기 변동 가능성 탓에 일어난다고 볼 수 있을 것이다.

지난 세기의 마지막 수십 년 동안에 NAO에서 관측된 추세와 관련해, 인간이 NAO에 영향을 끼치고 있느냐는 물음이 되풀이해 제기되었다. 이런 복잡한 주제에 관한 연구는 이제 시작 단계에 있을 뿐이며 어떠한 결론적인 평가도 내릴 수 없다. 그렇지만 대부분의 기후 변화 모형은 지구 온난화가 계속 진전되면 NAO가 더 강해질 것임을 보여준다. 예를 들어 함부르크 기후 모형은 NAO가 적절한 수준에서 강해지겠지만 무엇보다도 NAO의 패턴이 동쪽으로 이동해 태풍 활동의 변화를 수반할 것임을 시뮬레이션으로 보여준다. 이런 반응이 우리에게, 또는 특정해 말하면 농업과 에너지 부문에 정확히 무엇을 의미하는지는 아직 연구되지 않았다. NAO에 저주파 변화를 초래할 이런 과정에 대한 우리의 이해는 여전히 상대적으로 불분명하다. 특히 바다의 역할은 더 상세하게 연구되어야 한다. 무엇보다 우리에게 필요한 것은 지구 수준의 실제적인 (고해상도) 바다 순환 모형이다. 이런 방향의 초기 개발이 여러 연구소에서 현재 이루어지고 있는 중이다.

성층권 오존의 파괴나 태양복사 변화 같은 외부 강제력■이 NAO에 어떻게 영향을 끼치는지도 불분명하다. 더 나아가 특히 중위도 지역에서 해수면 온도의 이상 현상에 대한 NAO의 반응은 여전히 알려진 바가 너무 없다. 우리가 아는 바가 매우 적다는 사실은 부분적으로 모형들에서 매우 다양한 결과들이 나온다는 점을 볼 때 명확해진다. 바다얼음의 역할도 상세히 연구되어야 한다. 예를 들어 이례적으로 북극 얼음이 북대서양으로 나아감으로써 바다의 밀도 구조와 거대 규모의 바다 순환에 영향을 끼치고, 다시 NAO에 영향을 끼칠 수 있음은 알려져 있다. 마지막으로 10년 단위의 시간 척도에서 초목의 역할도 연구되어야 한다. 초기 연구에서는, 사하라 사막 주변 지대에 나타나는 강수량의 10년 단위 변화는 적어도 부분적으로는 초목의 변화 탓임이 밝혀진 바 있다.

ENSO와는 대조적으로 NAO의 예측 가능성은 여전히 대체로 불분명한 상태이다. ENSO 자체가 NAO에 어느 정도 영향을 끼치지만

1년 단위의 시간 척도interannual time scale에서 NAO의 예측 가능성은 매우 제한적이다. 장기적인(10년 단위) 시간 척도에서 보면, 모형 시뮬레이션은 예보의 잠재적 가능성을 보여준다. 그렇지만 이런 긴 시간 척도에서도 불분명한 것은 인과관계이다. 대기 모형은 해수면 온도처럼 하층 경계조건lower boundary condition의 변화에 반응하지만, 그런 경계조건의 변화를 일으키는 것은 무엇인지, 그리고 그런 변화는 예측 가능한지는 여전히 불분명한 채로 남아 있다. 열대지방과 중위도, 고위도 지역의 해수면 온도 변화는 NAO의 저주파 변화와 상관관계를 지닌다. 가장 최근의 결과들은 인도양의 해수면 온도까지도 NAO에 유의미한 영향을 끼칠 수 있음을 보여주고 있다. 그러므로 어느 지역이 NAO에 특별히 중요한지 밝혀내는 연구는 중요하다.

화산의 영향

전체 활화산 중 3분의 2가량이 북반구에 있다.(그림 12) 활화산의 대부분이 북위 10도와 20도 사이 열대지방에 자리 잡고 있다. 불과 18퍼센트만이 남위 10도와 남극 사이에 놓여 있다. 그러므로 화산기체와 화산재의 성층권 유입은 주로 북반구의 기후에 영향을 끼친다.

거대한 화산 분출은 언제나 기상과 기후의 이상 현상과 연계되어 왔다. 매우 강력한 화산 분출이 일어나면 하층 성층권에서는 황산 에어로졸sulfuric acid aerosol이 몇 배 내지 몇 십 배 정도로 늘어난다.

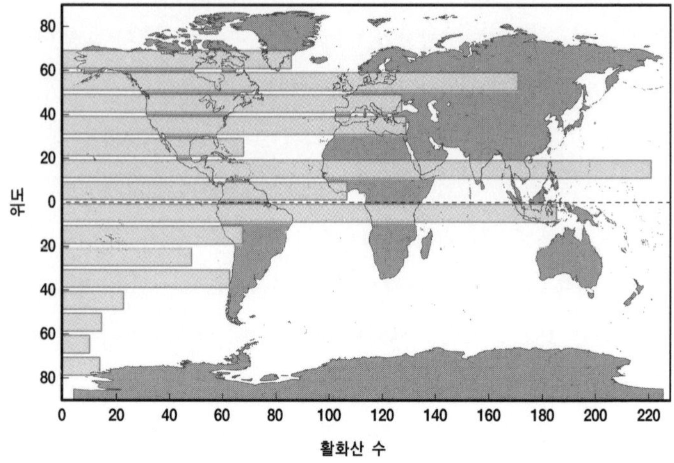

그림 12 지구 위도에 따른 활화산 수(출처 Schmincke, 2004)

이런 황산 에어로졸은 마그마의 황 함유 기체(무엇보다 SO_2와 H_2S)가 성층권으로 올라간 뒤 산화하는 과정을 거쳐 형성된다. 19세기 말과 20세기 초는 화산활동이 특히 활발했던 시기였다. 이후 50년 동안 특별히 강력한 분출이 일어나지 않았던 휴지기를 지나고서 1963년에 일어난 발리 섬의 아궁Agung 화산의 분출 이후에 다시 새로운 화산 분출이 잇따랐다. 20세기의 마지막 20년 동안에 화산활동은 더욱더 활발해지는 모습을 띠었고, 따라서 더 많은 화산가스가 대기에 방출되었다. 화산 요란의 효과는 아주 느리게 누그러지는데, 왜냐하면 에어로졸 방울들이 성층권에 오래 남아 있기 때문이다. 대류권에서는 비가 내려 씻어내는 가장 효과적인 청소 과정이 일어나지만 대류권 위에 있는 성층권에서는 청소 효과가 일어나지 않기 때문에, 성층권 대기에서 에어로졸을 제거하는 사실상 유일한 힘은 중력뿐이다. 그러나 입자들은 너무 작아 중력 효과가 힘을 발휘하는 데에는 시간이 걸린다. 1년이 지나면 에어로졸의 양이 절반으로 줄어들기 때문에 강력한 화산 분출은 대략 2년 동안 기후에 뚜렷한 영향을 끼친다. 이렇게 화산이 기후에 초래하는 효과는 비교적 단기적이어서 인간의 영향으로 일어나는 효과와 비교하면 확실히 부차적이다.

오존층을 관찰하기 위해 쏘아올린 위성 관측 장치들은 1982년 멕시코 엘치촌El Chichón 화산의 분출 이후에 거대한 양의 SO_2를 포착했다. 그때에서야 비로소 하층 성층권에 있는 화산 에어로졸이 고체의 화산재 입자가 아니라 지름 0.1~0.5마이크로미터 크기의 황산 방울로 이루어진 것임을 알게 되었다. 이런 작은 방울들은 가시광선을 부분적으로 후방산란하고 근적외선과 장파장 영역의 복사를 흡수하는 식으로 복사와 매우 강하게 상호작용할 수 있다. 이로 인한 결과 중 하나는 지표면까지 뚫고 들어오는 태양복사가 줄어 하층 대기에 냉각 효과를 일으킨다는 점이다. 1883년 인도네시아의 크라카토아Krakatoa 화산 분출과 1991년 필리핀 피나투보Pinatubo 화산 분출 때 세계 평균기온은 대략 섭씨 0.1~0.2도 떨어졌다. 다른 한편으로 화산 에어로졸에 의한 복사 흡수는 성층권에 상당한 정도의 온난화 효과를 초래하여 성층권의 하층부에서 기온은 대략 섭씨 1~2도 오른다. 에어로졸 방울들은 또한 화학적인 효과도 낸다. 염소 성분의 활성화를 촉진함으로써 궁극적으로 오존 파괴를 돕는다. 양으로 볼 때 가장 중요한 두 가지 화산가스인 수증기H_2O와 이산화탄소CO_2는 매우 오랜 지질학적 시간 척도에서만 기후와 연관된다. 대기 중 농도로 비교하면 분출되는 그 양은 무시할 만한 수준이기 때문이다. 화산재는 대기에 머물다가 빠르게 떨어져 복사 운반과 대기 역학에는 단기적인 영향만을 끼친다. 그러므로 화산의 기후 영향은 주로 황을 함유한 기체(SO_2와 H_2S)에서 비롯한다. 그 기체들은 성층권에 도달하면 산화하여 기체 상태의 황산H_2SO_4이 된다. 황산 농도가 증가하면 성층권 배경의 에어로졸도 증가한다. 먼저 기체에서 입자로 바뀌는 변환이 일어나 입자 수가 증가하며, 두 번째로 이미 있던 입자에 H_2SO_4와 H_2O가 응결해 입자 반지름을 늘리기 때문이다.

성층권의 화산재 입자 대부분은 대체로 태양 가시광선과 같은 파장 범위에서 효과적인 반지름을 지닌다. 그래서 햇빛을 산란하는 데 특별히 효과를 발휘한다. 1982년 엘치촌과 1991년 피나투보 때처럼 거대한 화산 분출이 일어나면 직접 도달하는 일사량direct solar radiation은 제곱미터당 100와트 규모로 줄어든다. 거의 같은 양만큼 산광diffuse radiation이 증가해 한낮의 하늘이 우윳빛처럼 희게 보인다. 직접 복사의 감소량과 산광 증가량의 편차는 지표면에서 제곱미터당 1~10와트에 불과하지만, 그것은 냉각 효과를 초래한다. 1815년 여름 인도네시아 탐보라Tambora 화산에서 이례적으로 강력한 분출이 일어났다. 이듬해인 1816년은 북아메리카와 유럽의 역사에서 여름이 실종된 한 해로 기록되었다. 미국 동부 해안에서는 한여름에 블리자드(강한 눈보라)가 발생해 농작물 재해를 안겨다 주었다. 화산 요란이 대기에 끼치는 효과는 화산 요란이 발생하는 곳의 지리적 위도에 따라 달라진다. 열대 화산들은 지구 기후 시스템에 영향을 끼칠 수 있다. 분출 구름이 북반구와 남반구 쪽에 다 퍼질 수 있기 때문이다. 일반적으로 중위도나 고위도의 화산 분출은 해당 반구에서만 감지되는 영향을 끼친다.

가시광선의 산란에 더하여 복사 흡수도 중요한 역할을 한다. 에어로졸 구름의 상층부에서는 근적외선 태양복사가 흡수된다. 이런 효과는 에어로졸이 방출하는 장파장 복사가 증가해 성층권 하층에 뚜렷한 온난화 효과를 일으키는 것보다 더 중요하다. 에어로졸 하층부에서는 지구에서 나오는 장파장 복사를 흡수하는 양도 늘어나 성층권 하층의 온난화 효과에 마찬가지로 영향을 끼친다. 성층권의 에어로졸 층은 지구 표면 온도가 가장 높고 태양복사가 가장 강렬한 조건에서 가장 크게 온난화한다. 즉 열대지방에서 그런 현상이 일어난다. 그로 인해 생기는 저위도와 고위도의 온도 차이는 성층권뿐 아니라 대류권에서도 순환 이상을 초래한다. 그리하여 북반구의 겨울에는 이런 이상 현상으로 인해 대규모 열대 화산 분출의 순수 복사 효과가 완전히 가려질 수도 있다.

화산 에어로졸은 화학적 과정에도 큰 영향을 끼친다. 가장 중요한 효과는 성층권의 오존에 대한 것이다. 오존을 생성하고 파괴하는 반응은 자외선뿐 아니라 온도, 그리고 불균일한 화학반응이 일어날 수 있는 표면물질surface의 존재에 의해 좌우된다.(제2장의 「오존 문제」 참조) 그런데 이런 모든 매개변수는 화산의 영향을 받는다. 성층권에서 에어로졸을 실어나르는 층이 온난화하면 등온위 표면물질isentropic surface이 들어 올려지고, 이에 따라 거기에 실려 운반되는 오존은 더 높은 대기층으로 나아간다. 그곳에서 더 높은 에너지 밀도의 태양복사가 광분해photodissociation 현상을 증가시킴으로써 오존의 평형 농도는 떨어지고 결국 눈에 띄게 오존 감소가 초래된다. 에어로졸에 의해 후방산란되고 반복적으로 다시 산란되는 햇빛은 이런 오존 감소 효과를 더 높일 수 있다.

남극 오존 구멍을 만드는 데 기여하는 불균일한 화학 반응은 질산과 물로 구성되는 극지 성층권 구름의 물질 표면에서 일어난다. 극지 성층권 구름은 극저온에서만 생기기 때문에 북극 상공에서는 아주 드물게 일어난다. 불균일한 반응 과정에서, 염화불화탄소에서 나오는 인간 유래 염소가 성층권에 활성화해 극야polar night 기간이 끝난 직후에 오존이 파괴될 수 있는 여건을 마련한다. 화산 분출 이후에 북극의 극지 소용돌이가 강해지고 이런 조건과 연관되어 극저온이 나타나면, 봄에는 더 많은 극지 성층권 구름이 생성되고 오존 감소도 심화된다. 그렇지만 매우 비슷한 반응이 물과 황산으로 구성되는 화산 에어로졸에서도 일어날 수 있다. 그러면 이 과정은 이제 극히 추운 극지 영역에 국한되지 않고 일 년 내내 지구적으로 효과를 발휘할 수 있다. 그래서 1991년 피나투보 화산 분출 이후에 전체 오존 규모의 2퍼센트 감소가 열대지방에서 관측되었으며, 중위도에서는 7퍼센트의 감소 현상을 보였다. 오존 감소는 에어로졸 구름 내부에서 훨씬 더 강렬하게 일어나 북반구의 중위도에서 그 수치는 20~30퍼센트에 달했다. 자연적인 조건에서, 즉 인간 유래 염화불화탄소가 없었다면 당시에 성층권에서 오존은 증가했을 것으로 예측할 수 있다.

대규모 화산 분출은 수백 만 톤의 이산화황sulfur dioxide 그리고(또는) 황화수소hydrogen sulfide를 성층권에 방출함으로써, 일반적으로 보아 최소 1~2년 동안 기후에 영향을 끼칠 수 있다. 성층권에서 화산 에어로졸이 태양복사 그리고(또는) 지구 열복사를 흡수하고 산란해 지구의 복사 균형에 이상 현상을 일으킨다. 이로 인해 대기의 일반 순환에 변화를 초래할 수 있고, 그래서 온도와 강수에 대한 영향도 순수 복사 효과에 비해 훨씬 더 커질 수 있다. 성층권 오존에 대한 화산 에어로졸의 효과를 인간이 증폭한다는 것은 자명하다. 인간이 염화불화탄소를 배출해 성층권에 염소 저장소를 만들기 시작한 이래로(제2장의 「오존 문제」 참조), 화산에서 유래한 황산 에어로졸은 오존 감소 효과를 발휘해 왔다.

빙하기 주기■

빙하기의 등장과 쇠퇴처럼 수천 수만 년의 시간 척도로 나타나는 기후 변화(그림 8 참조)는 밀란코비치가 1930년대에 제시했듯이, 부분적으로 태양 둘레를 도는 지구궤도의 변화에 기반을 두고 있다.

밀란코비치는 천체 운동의 뉴턴역학 법칙을 이용해 자신의 이론을 전개했다. 지구궤도의 매개변수에 나타나는 변동은 결국 지구 대기의 상층에 입사하는 태양복사의 지역적인 변화, 그리고 부분적으로는 지구적인 변화를 초래하기 때문에, 그는 결과적인 장기 기후 요동은 외부 요인에 의해 일어남이 분명하다고 단정했다. 밀란코비치의 이론은 오랫동안 받아들여지지 않았으나 오늘날에는 일반적으로 인정되고 있다.

세 가지 현상이 밀란코비치 이론에서 이와 관련이 있다. 첫째, 10만 년의 주기 내에서 태양 둘레의 지구궤도는 타원에서 거의 정원으로 변화하다가 다시 타원(이심률, 즉 두 개의 중심을 지니는 타원)으로 돌아온다. 이런 10만 년의 시기는 고기후(옛 기후)의 데이터를 재구성하면, 예컨대 대기 중 이산화탄소 함량과 남극 온도(그림 8 참조)를 재구성하면 아주 분명하게 검출할 수 있다. 이런 주기는 연간 태양복사를 지구 평균으로 보아 제곱미터당 최대 0.7와트 수준까지 변화시킨다. 둘째, 기운 지구 축은 대략 4만 1000년의 주기로 기울기를 22도와 24.5도 사이에서 변화시킨다. 오늘날에 지구 축의 기울기는 약 23.5도에 달한다. 지구 축의 기울기 변화는 계절별로 대기의 상층에 들어오는 태양복사량에 영향을 끼친다. 고위도 지역에서 태양복사는 평균적으로 연간 제곱미터당 최대 17와트에 이를 수 있다. 셋째, 지구는 완벽한 공 모양이 아니라 적도 지역에서 '부풀어' 있다. 이로 인해 지구는 '흔들리게' 마련이며, 그래서 지구 축은 우주공간에 원을 그리게 된다.(세차운동) 이런 효과에 의해 우리가 태양에 가장 가깝게 놓이는 계절이 결정되는데, 그 주기는 1만 9000년 내지 2만 3000년에 이른다. 오늘날에 북반구는 겨울에 태양에 가장 가깝고 여름에 가장 멀리 떨어져 있다. 그러나 1만 1000년 전에는 상황이 반대였다. 연평균에서는 일사량의 순변화가 나타나지 않지만 계절 순환의 세기는 변화한다.

밀란코비치가 제안한 세 개의 주기인 10만 년, 4만 1000년, 1만 9000~2만 3000년은 재구성한 고기후의 온도에서도 실제로 찾아볼 수 있다. 이것은 밀란코비치 이론의 유효성을 입증하는 가장 중요한 증명으로 여겨진다. 그렇지만 태양복사의 비교적 작은 초기 교란을 거대한 기후 변화로 변환하는 데에는 일반적으로 다른 과정이 작용한다. 예를 들어 이심률 eccentricity은 연간 태양복사를 지구 평균으로 보아 제곱미터당 최대 0.7와트의 수준으로 교란하지만 10만 년 주기로 매우 강한 기후 변화들이 관찰된다. 그러므로 지구궤도 매개변수의 변화만으로는 빙하기의 주기적 출현을 전혀 설명할 수 없다. 그것은 자극이 될 수 있지만 생물지구화학적 순환의 변화, 그리고 이와 연계된 대기 중 온실가스 농도의 변동 같은 다른 과정이 이것을 증폭하는 효과를 낸다. 빙하기 동안에는 최소 메탄 함유량과 낮은 이산화탄소 농도가 온실효과를 약화해 초기 냉각화를 더 증폭한다. 대략 2만 년 전에 있었던 최근 빙하기의 절정 기간에 대기 중 이산화탄소 함량은 오늘날에 비해 상당한 정도로 낮았다.(그림 8 참조) 게다가 이런 냉각화로 인해 얼음이나 눈의 면적이 더 넓어지면 태양복사를 우주로 반사하는 양이 더 증가하기 때문에, 이런 요인은 냉각화를 더 진전시킬 것이다. 이런 되먹임 메커니즘을 '얼음-알베도 되먹임'이라고 한다. 더 심한 양의 되먹임 메커니즘, 즉 수증기의 되먹임은 인간 유래 온실효과를 논의한 앞에서 이미 얘기한 바 있다. 물론 완충 효과를 내며 기후 시스템이 완전히 뒤죽박죽이 되지 않도록 하는 음의 되먹임 메커니즘도 많다. 실재를 모사하는 기후 모형은 이런 수많은 양의 되먹임과 음의 되먹임을 고려해야 한다. 단지 소수의 되먹임 메커니즘만을 다루는 단순 모형은 기후의 변동성에 담긴 복잡한 성격을 제대로 보여줄 수 없다.

최대 몇 세기 정도의 시간 척도에서 일어나는 자연적인 기후 요동은 주로 바다와 대기 간의 거대한 상호작용, 즉 내부에서 만들어지는 효과로 생성된다. 더 긴 수천 년의 시간 척도에서 일어나는 요동은 앞에서 설명한 대로 주로 지구궤도 매개변수의 변동 같은 외부의 영향에 의해 일어난다. 그러므로 인간 유래 온실효과를 시뮬레이션하고 검출하는 데 사용되는 신뢰할 만한 기후 모형은 특히 바다와 대기의 상호작용을 정확하게 묘사할 수 있는 능력, 그리고 그로 인해 생기는 기후 요동을 실재와 흡사하게 시뮬레이션하는 능력을 갖추어야 한다.

여기에 더해 기후 모형은 또한 전하를 띤 태양복사 같은 이례적인 자극에 반응해 발생하는, 외부의 추동에 의해 일어나는 기후 요동을 묘사할 수 있어야 한다. 오늘날의 기후 모형은 기후의 자연적 변동 가능성을 시뮬레이션할 수 있다. 내적인 요동과 외적인 요동 모두에 대해 마찬가지이다. 그래서 기후 모형을 사용하면 '녹색 사하라' 같은 현상을 시뮬레이션해낼 수 있다. 대략 6000년 전에, 사하라에는 대체로 우거진 초목이 있었으나 이후 사하라는 거의 자연스럽게 사막이 되었다. 이런 급격한 변동은 세차운동의 결과로 태양복사량에 점진적 변화가 일어났기 때문에 일어났다. 북반구에서는 여름 일사량이 감소했고 서부 아프리카에서는 몬순 강우가 줄어들었다. 태양 강제력의 이런 변화를 기후 모형에 집어넣으면, 사하라의 사막화는 실재와 흡사하게 시뮬레이션해낼 수 있다. 이런 사막화의 변형 과정에서 초목의 동역학 과정은 양의 되먹임 효과를 낸다. 비슷한 방식으로, 지난 1000년의 기후를 시뮬레이션할 수 있으며 관측된 변화에 특정한 과정이 기여한 몫을 정량화할 수 있다.

돌연한 기후 변화

그러나 수천 년 단위를 써야 하는 밀란코비치의 매우 긴 시간 척도에서만 기후가 강하게 변하는 게 아니라 수십 년, 수백 년의 더 짧은 시기에도 변화한다. 오늘날에 그런 사실은 그린란드 빙상 같은 곳에서 캐낸 얼음 시추 시료를 분석한 데에서 밝혀지고 있다. 그린란드에서 캐낸 얼음 시료, 특히 유럽과 미국이 그린란드 빙상의 정상에서 1992년과 1993년에 시추 사업을 마치고 캐낸 얼음 시료(GRIP과 $GISP_2$)는 지난 10만 년의 기후 역사에 관해 중요한 정보를 알려주었다. 특히 놀라운 것은 지난 빙하기에 기후 변동 가능성의 범위가 폭넓고 기후 변동은 매우 빠르게 나타났다는 점이었다. 2만 년 내지 1만 년 전에 지난 빙하기에서 오늘날의 간빙기■로 전환하는 과정은 점진적으로 일어나지 않았으며 일종의 롤러코스터처럼 전개되었다. 얼음 시추 시료들은 극도로 빠른 기후 변동을 보여주었다. 이 정도의 변동은 이전에는 불가능하다고 여겨졌다. 이런 급속한 변화를 설명할 수 있는 새로운 원인을 찾으려는 연구가 불가피했다. 기후는 8000년 전 무렵까지도 안정되지 않았다. 그런 점에서 인류의 발전을 도운 것은 다름 아니라 바로 이례적인 기후 안정성이었다.

몇 킬로미터 두께의 그린란드 얼음은 수천, 수만 층의 눈이 쌓여 이루어진 것이다. 해마다 쌓이는 눈은 전에 쌓인 눈을 서서히 압착해 얼음으로 만들었다. 특정한 산소 동위원소 측정 같은 첨단의 분석 방법에 의해 얼음 시추 시료를 바탕으로 그린란드 기후의 역사 자료를 재구성할 수 있었다. 그러나 이런 결과를 다른 노력 없이 순조롭게 지구 전체에 그대로 적용할 수는 없다. 지구 기후 변화의 역사를 재구성하는 데에는 수많은 얼음 시추 시료와 여러 지점에서 채취한 해양 퇴적물 시추 시료가 필요하다. 오늘날에 우리는 주로 기후 시뮬레이션 모형을 통해서, 대서양 순환의 변화가 매우 급속히 일어날 수 있으며, 그래서 적어도 지역 규모에서는 그런 변화가 그린란드 얼음에 기록된 기후의 급속한 변동을 촉발했을 수도 있음을 알고 있다.(제4장의 「멕시코 만류란 무엇이며, 그것은 미래에 어떻게 거동할 것인가」 참조)

그린란드의 데이터는 상대적으로 높은 시간 분해능을 지녀, 개별

연도를 식별할 수 있으며 나이테처럼 헤아릴 수도 있다. 그래서 돌연한, 그리고 매우 강한 기후 변동을 찾아내는 데 아주 좋은 재료이다. 지난 빙하기 중에 어떤 때에는 그린란드의 온도가 불과 몇 년 만에 섭씨 8~10도나 올라 몇 세기 동안이나 정상적인 추운 빙하기 수준으로 회복되지 않았다. 이런 기후 변동은 단스가드-오슈거 사건 Dansgaard-Oeschger event이라고 불린다. 대략 10만 년 동안 지속되었던 지난 빙하기 동안에 이런 기후 변동은 20차례 이상 일어났던 것으로 헤아려졌다. '따뜻한' 단스가드-오슈거 사건과 더불어, 하인리히 사건 Heinrich event이라고 불리는 극히 '추운' 단계도 있었다.

얼음 시추 시료 외에도, 비슷하게 높은 해상도를 지니는 퇴적층 시추 시료가 대서양에서 채취되었다. 깊은 바다의 진흙층에는 그린란드의 얼음과 동일한 기후 사건이 기록되어 있었다. 그 일부는 그린란드에서 수천 킬로미터나 떨어진 아열대 위도에서 시추되었으며, 완전히 다른 방법으로 분석되었다. 그러므로 단스가드-오슈거 사건과 하인리히 사건은 지리학적으로 그린란드에 국한하지 않은 기후 변동이었다고 볼 수 있다. 급격한 기후 변동은 열염 순환의 변화(제1장의 「바다」 참조)로 설명할 수 있을 것이다. 단스가드-오슈거 사건이 열염 순환의 내적 요동에서 비롯했을 것으로 여겨지는 데 비해, 하인리히 사건은 당시에 북아메리카 빙상에서 바다로 미끄러져 들어간 거대한 얼음 덩어리에서 비롯했을 가능성이 매우 높다. 이로 인해 대량의 민물이 북대서양으로 유입되었고, 그 결과 열염 순환이 약해졌다. 이런 열염 순환의 변화는 단지 몇 년, 또는 수십 년 만에 일어날 수 있으며, 그래서 급격한 기후 변동을 설명할 수 있는 근거를 제공한다.

기후 진동climate swing이 지구의 여러 지역에서 관측되었다는 사실은 그 원인이 열염 순환이었음을 보여준다. 그런 변화는 지금도 전 세계에서 감지되고 있기 때문이다. 열염 순환은 여러 다른 상태에 놓여 있다. 예를 들어 그것은 북대서양 영역에서 붕괴될 수 있는데, 하인리히 사건 때 일어났던 게 바로 그런 것이었다. 반대로 열염 순환은 북쪽으로 아주 멀리 확장할 수 있는데, 단스가드-오슈거 사건을 설명하는 현상이 될 수 있다. 그렇지만 대략 8000년 전에 이런 기후 요란은 갑작스럽게 멈췄고, 그 이후 우리는 놀라울 정도로 안정적인 기후를 누리고 있다. 이런 고요함은 오늘날에 열염 순환이 매우 안정적인 방식으로 순환하고 있다는 사실에 기인한다.

기후의 예측 가능성

대기, 그리고 대기의 날씨 변동은 아주 제한적으로만 예측할 수 있는 카오스■ 시스템의 교과서 같은 예이다. 카오스 이론의 창설자 중 한 명인 로렌츠가 1963년에 이루어낸 획기적인 연구 덕분에 우리는 기상예보의 이론적 한계가 대략 2주라는 점을 알고 있다.(제4장의 「로렌츠 모형」 참조) 대기와 같은 카오스 시스템에서는 시작 조건이나 모형 정식화 단계에 나타나는 매우 작은 오류도 지수함수로 커지기 때문에 불과 며칠 만에 기상예보의 질을 떨어뜨린다. 수학적으로 말하자면, 기상예보는 초깃값 문제이며 우리는 시작 (초기) 조건을 결코 정확하게 확정할 수 없으므로, 앞으로도 우리는 대략 2주라는 기상예보의 이론적 한계를 어떤 결정적인 길이로 확장할 수는 없다.

그렇지만 이런 기상 예측 가능성의 이론적 한계가 있지만, 대기에는 여전히 예측 가능성도 존재한다. 그것을 계절의 예측 가능성이라고 한다. 기상예보와 달리, 계절성 예측은 태풍 경로 같은 개별적인 기상요소에 관한 것이 아니라 특정 기간에 걸치는 평균적인 기상, 즉 기후를 예측하는 데 초점을 맞춘다. 예컨대 특정 지역과 계절의 평균 표면 온도나 강수량을 의미할 수 있다. 계절의 예측은 해수면 온도나 바다얼음 면적의 이상 현상이 그런 것처럼 경계조건에서는 변화가 느리게 나타난다는 것에 기반을 두고 있다. 이런 경계조건은 멕시코 만류 같은 해류의 변화에 의해 일어날 수 있다. 이런 종류의 이상 현상은 기상 통계에 영향을 끼칠 수 있고, 그래서 경계조건의 이상 현상을 예측 가능한 만큼 기후도 예측할 수 있다. 그러므로 특정 조건에 놓여 있을 때, 대기 같은 카오스 시스템은 계절 또는 몇 년 또는 수십 년의 시간 척도에서는 예측 가능하다. 이런 점은 또한 인간 유래 기후 변화에 관한 시뮬레이션의 기초가 된다. 여기에서는 대기의 화학적 구성성분(또 다른 경계조건이다.)에 나타나는 변화가 결정적인 구실을 한다. 그러므로 지구적 변화 예측의 목적은 2100년도 어느 날의 날씨 자체를 예측하려는 게 아니라 온실가스 농도가 상승할 때 나타날 수 있는 기상 통계를 예측하려는 것이다.

다시 한 번 더 여기에서는 기후 같은 카오스 시스템이 인간의 영향에 얼마나 반응하는지, 그리고 카오스 시스템은 계산 가능한지에 관한 질문이 제기된다.(제4장의 「로렌츠 모형」 참조) 이런 물음에 답하는 가장 좋은 방법은 기후에 대한 인간의 영향을 어느 숫자 쪽에 가깝게 무게중심을 둔 이른바, 사기 주사위loaded die에 비유하는 것이다. 여기에서 사기 주사위는 이산화탄소 같은 특정 기체를 배출함으로써 지구 온도를 높이는 우리 인간의 행동에 의해 '어느 숫자 쪽에 무게를 더한' 주사위이다. 이로 인해 극한 기상 사건이 더 자주 초래된다. 우리의 비유로 다시 말하면, 사기 주사위에서는 6이라는 숫자가 더 자주 나타날 것이다. 그렇지만 우리는 다음번 6이 나올 시기를 미리 말할 수는 없다. 왜냐하면 숫자들의 서열은 여전히 무작위로 남아 있기 때문이다. 극한 기상도 비슷한 방식으로 일어난다. 즉 우리는 극한 기상 사건이 지구 온난화의 결과로 더 일반적으로 일어날 것임을 통계적으로는 계산할 수 있지만 정확하게 이 극한 기상이 언제 나타날 것인지는 알지 못한다.

사기 주사위의 사례는 또한 어떤 사건이 예전에 한 번 관측되었다는 사실이 있다 해도 우리가 왜 그 주사위의 속성에 관해 추론할 수 없는지도 설명해 준다. 어느 숫자 쪽에 무게를 더하기 이전에도 주사위에서는 6이라는 숫자가 여러 번 나온 적이 있다. 기상에 관한 얘기로 바꿔 말하면 이런 의미이다. 즉 이전에도 대홍수나 긴 가뭄이 관측된 적이 있다는 단순한 사실 때문에 우리는 기상 통계가 변한 게 아니라고 결론을 내릴 수는 없다. 사실 지난 100년간의 관측값을 보면 기후 모형이 예측하는 대로 극한 기상 사건은 전 세계에서 더 욱더 잦아지고 있다. 그리고 이처럼 잦아지는 극한 기상 사건이야말로 지구 온난화에서 비롯한 것이라고 말할 수 있다. 더 나아가 어느 숫자 쪽에 무게를 더한 주사위의 비유는 2005년의 허리케인 카트리나 같은 개별적인 극한 기상 사건을 지구 온난화 탓으로 돌리는 게 불가능함을 설명해 준다. 그것은 어느 순간에 6이 나온 것이 주사위의 어느 한쪽에 무게를 더했기 때문이라고 말할 수 없는 것과 같다. 극한 기상 사건과 지구 온난화 간의 연계성을 보여주려면 언제나 극한 기상의 통계를 긴 시기에 걸쳐 고려해야 한다.

주사위의 어느 한쪽에 아주 무거운 무게를 더하지 않는다면 몇 번 굴려서도 여전히 다른 숫자가 나올 것이다. 이런 사례로 2005년과 2006년에 독일이 경험한 혹독한 겨울의 예를 들어보자. 지구 온난화는 여전히 아주 작고, 그래서 우리는 지금부터 겨울에는 온화한 날씨만 나타나리라고 예상할 수 없다. 주사위의 한 면, 즉 아주 추운 겨울은 여전히 가능하다. 우리는 지난 수십 년 동안에 사실상 여러 차례 온화한 겨울철을 보아왔다. 그것은 지구 온난화라는 형태로 인간이 기후에 끼치는 영향을 확실히 부각시킨다. 그렇지만 다가오는 수십 년 동안에 우리는 추운 겨울에 대해서도 대비해야 한다. 지구 온난화가 여전히 너무도 작은 규모여서, 예컨대 NAO의 부정적인 효과 같은 자연현상이 일어나 우리 기후 사건에 영향을 끼칠 수 있기 때문이다. 그렇지만 추운 겨울이 출현할 확률은 지구 온난화가 증가하는 규모에 맞추어 더 낮아질 것이다.

4 기후 모델링

기후 모형

기후 시스템은 여러 하위 시스템(대기, 바다, 빙권 등, 그림 1 참조)으로 구성되는 물리계이며 그래서 물리법칙에 종속된다. 기후에 가장 중요한 세 가지 법칙은 질량, 운동량, 에너지의 보존 법칙이다. 물리법칙은 수리 방정식의 형식으로 표현할 수 있다. 시간의 흐름에 따른 기후의 전개는 초기 조건의 값과 경계조건의 값이 정해지면 이들 방정식으로 자세히 기술된다. 방정식에서 경계조건값은, 예컨대 이산화탄소나 다른 온실가스의 농도처럼 시간에 따라 변할 수 있다.

그러나 이들 방정식은 너무도 복잡해서 단순한 이차방정식에 적용되는 것 같은 도구로는 해를 구할 수 없다. 수학적으로 말해, 해석해analytical solution는 존재하지 않는다. 그렇지만 근사적인 해를 얻는 데에는 수치해석학numerical mathematics의 방법을 사용할 수 있다. 지표면이 격자로 덮여 있다고 생각하면, '불연속으로 나뉜' discretized 방정식을 만들 수 있다. 다른 말로 해서, 그 자체는 연속적인 방정식을 이른바 '유한 차분 방정식' finite difference equation으로 변환할 수 있다. 각각의 격자점에 이 방정식을 정식화할 수 있으며, 그래서 이런 식으로 수십만 개의 연결된 유한 차분 방정식을 만들어 오늘날에 주로 쓰이는 수백 킬로미터 격자 폭에 적용할 수 있다. 그런 고차원의 방정식계 system는 강력한 컴퓨터의 도움을 빌려야만 풀 수 있다. 일반적으로, 해의 정확성은 선택된 계산 격자의 적합성, 다시 말해 인접한 격자점 간의 거리가 얼마나 되느냐에 따라 좌우된다.

이런 수치 방법은 강력한 컴퓨터에서도 매우 집약적인 계산 능력이 요구되기 때문에 요즘 수준의 슈퍼컴퓨터를 이용한다 해도 우리가 해상도〔격자 폭의 크기—옮긴이〕를 선택할 때에는 일정한 한계가 있다. 예를 들어 1킬로미터 해상도의 계산 격자를 쓰면 컴퓨터가 계산하는 데 너무 오래 걸리기 때문에 그 해상도는 사용할 수 없다. 또한 정해진 격자 폭보다 더 작은 규모에서 특징적으로 일어나는 물리 과정은 '매개변수 처리' parameterized를 해야만 한다. 예컨대 아주 작은 규모에서 일어나는 구름의 형성 같은 물리 과정은 분명하게 시뮬레이션할 수 없다. 그래서 격자점에서 얻을 수 있는 정보들(기온, 습도 등)에 기반을 두어 표현(매개변수 처리)해야 한다. 바다와 대기에서 일어나는 대류는 바다와 대기의 일반 순환 general circulation을 추동한다는 점에서 동일한 의미를 지니는데, 이것도 그런 물리 과정 중 하나이다. 모든 수학 방정식과 물리적 매개변수 전체를 통틀어 기후 모형climate model이라고 한다. 수치 방법 외에, 기후 모형에 나타나는 오류의 주된 원천에는 이런 물리적 매개변수parameterization■가 포함된다. 그러나 관측값과 비교하면, 기후 모형이 사실상 과거의 기후, 오늘날의 기후, 그리고 그 요동의 범위를 실재와 흡사하게 시뮬레이션할 수 있음이 드러난다. 그러므로 기후 모형은 미래 기후에 대해서도 믿을 만한 계산을 내놓을 수 있다.

기후 모형에는 지구 대기의 상층에 입사되는 태양복사, 지구 대기의 화학적 성분구성, 육지-바다의 분포 같은 특정한 경계조건 값들이 입력된다. 다른 매개변수 그리고 경계조건이 주어지면, 기후 모형은 이제 삼차원의 바람 분포, 대양의 해류, 대기와 바다의 기온 분포, 바다얼음 면적, 그리고 여러 가지 다른 기후 매개변수를 시뮬레이션해낸다. 예컨대 시간 흐름에 따른 대기 중 온실가스 농도의 변화 같은 어떤 추세trend에 관한 모형 정보를 되먹임함으로써, 이렇게 변하는 경계조건에 대한 기후 시스템의 반응을 계산할 수 있다. 지구적인 기후 변화의 경우에도 마찬가지이다.(그림 24 참조) 또한 기후 모형은 엘니뇨 현상의 원인이나 엘니뇨 예측 가능성 같은 내적인 기후 요동의 역학을 연구하는 데에도 쓰일 수 있다. 이미 엘니뇨 예보는 여러 기상예보센터에서 수행되는 정규적인 업무이다.

구름과 강수

앞에서 설명했듯이, 기후 모형에서 묘사하는 많은 물리 과정에는 우리가 열망하는 수준의 정확성이 담겨 있지 않다. 일반적으로 실제의 물리 과정은 컴퓨터의 계산 격자가 다루는 그물눈mesh의 크기보다 더 작은 척도를 지니기 때문이다. 구름과 강수의 형성 같은 물리 과정이 그렇다. 그런 과정이 얼마나 복잡한 것인지는 구름과 강수의 형성을 예로 들어 설명할 수 있다. 대기 중의 공기는 언제나 수증기를 함유하고 있지만 그 기체의 밀도는 특정한 온도에서 특정한 포화값까지만 증가할 수 있다. 공기가 머금을 수 있는 수증기의 최댓값은 온도에 따라 불균등하게 증가한다. 거꾸로 일정량의 공기는 응결이 시작되는 온도까지, 즉 물이 기체 상태에서 벗어나 액체 상태로 들어가는 온도까지 냉각될 수 있다. 그때의 온도를 이슬점dew point이라고 한다. 냉각이 지속되면 잉여 수증기가 고체 표면에 쌓이거나(이슬), 또는 물방울이 생성되는 구름 응결핵에 쌓인다. 아주 미세한 대기 중 입자인 에어로졸은 갖가지 원천에서 생겨나 거의 언제나 대기 중에 많은 양으로 존재하는데, 그것이 구름의 응결핵으로 기능한다.

공기 덩어리가 상승할 때에 공기는 냉각한다. 공기에 함유된 수증기는 이슬점에 도달하면 응결■한다. 햇빛이 이렇게 만들어진 물방울에 의해 산란하여, 우리 눈에 구름처럼 보이는 넓게 퍼진 백색광을 만들어낸다. 이런 과정을 잘 보여주는 예는 여름에 지상에 있던 따뜻한 공기 덩어리가 솟아오를 때 나타나는 현상이다. 낮게 솟아오르면 날씨 좋은 날에 볼 수 있는 구름을 만들어내지만 더 높은 고도로 계속 솟아오르면 짙은 구름과 호우, 심지어 우박을 동반하는 폭풍우를 만들어낸다.

우리가 사는 북위도 지역에서 시계 반대 방향으로 회전하는 태풍은 후텁지근한 아열대성 공기를 북동쪽으로 운반한다. 이 공기의 밀도는 아주 낮기 때문에 더 차가운 북부 공기 속으로 흘러 들어갈 때 상승하게 된다. 그러면 공기는 냉각하여 중위도 태풍의 따뜻한 전면부에 구름을 만든다. 거꾸로 북쪽에서 오는 태풍의 서쪽 면에 있는 차가운 공기는 따뜻한 아열대성 공기 밑으로 파고들어 그것을 응결 고도 이상으로 들어올린다. 그래서 차가운 전면부에 구름이 만들어진다. 공기가 더 높은 고도로 밀려 올라가 어떤 장애물을 타고 넘어갈 때 공기가 냉각하면서 응결과 구름이 나타나는데, 이는 산 전면부에서 종종 관찰되는 현상이다.

100분의 1밀리미터 정도의 작은 지름을 지닌 구름방울은 아주 가벼워 거의 아무런 제약을 받지 않은 채 떠다닌다. 우연한 충돌로 인해 일부 방울은 점차 다른 것들보다 더 커진다. 그것들은 처음에는 천천히 떨어지기 시작하다가 나중에는 방울들이 더 모여 커지면서 훨씬 더 빠르게 떨어진다. 구름방울이 대략 10분의 1밀리미터 이상으로 커져 구름이 두꺼워지면, 증발이 지속적으로 일어나더라도 구름방울들은 구름을 뚫고 하강하여 아래쪽 공기와 지표면에 도달한다. '따뜻한 비'를 만들어내는 이 과정은 지표면에 가까운 구름들에서 이루어지는데, 온대 지대에서 흔히 볼 수 있는 약한 가랑비, 또는 더운 열대 지역의 고도 5킬로미터 미만 구름에서 내리는 강한 비가 그런 경우이다.

중위도 지역에서 강한 강수의 생성에 더 중요한 것은 얼음 상태를 거치는 경로이다. 구름이 있는 고도의 온도가 종종 섭씨 0도 이하라 해도, 구름방울 자체는 과냉각된 채로 종종 액체 상태를 유지한다. 이런 경우에는 아주 사소한 조건들(예컨대 충돌이나 적절한 얼음핵의 존재)로도 충분히 구름방울은 스스로 얼 수 있다. 그런데 수증기는 물방울 위보다는 얼음 입자 위에서 더 쉽게 응결하기 때문에, 이들 얼음 입자는 주변의 구름방울보다 더 빠르게 성장해 더 일찍 낙하하게 된다. 이후에 다른 구름방울을 모아 몸집을 키우는데, 너무 커지면 지표면까지 도달한다. 떨어지는 동안에 얼음 입자들은 훨씬 더 따뜻한 대기층을 거치며 녹기 때문에 땅에는 비로 떨어지는 일이 잦다. 그렇지만 매우 두꺼운 구름 안에서 땅에 떨어지기 전에 다 녹을 수 없을 정도로 크기가 커진다면 눈송이로 내리게 된다. 때때로 태풍 구름 안에서 상승기류가 너무 강해 표면이 녹은 얼음 입자들이 다시 위쪽으로 날아올라가 다시 어는 일도 있다. 단계를 거치면서 다시 떨어지기 시작해, 다시 부분적으로 녹고, 다시 새로운 방울들을 모으며 계속 성장한다. 이 과정은 몇 번이고 되풀이될 수 있으며 결국에는 우박이 된다.

지구 기후 변화와 관련한 흥미로운 물음 하나는 지구 온난화에 대한 구름의 작용에 관한 것이다. 기후 모형 시뮬레이션은 구름 효과가 일반적으로 인간 유래 온실효과를 누그러뜨리기 때문에 구름이 음의 되먹임 메커니즘으로 작용함을 보여준다. 더 따뜻해진 대기가 더 많은 수증기를 머금으면 지구를 덮는 구름 면적은 증가할 것이고, 그것은 태양복사를 더 많이 반사해 눈에 띌 정도의 냉각화 효과를 가져온다. 하지만 이런 효과는 인간에 의한 온실효과 온난화와 비교하면 확실히 더 작기 때문에 구름 효과가 지구 온난화를 누그러뜨릴 수는 있어도 완전히 상쇄하지는 못한다. 더욱이, 더 따뜻해진 대기에서는 강한 강우가 여러 육지 지역에서 늘어날 것이라고 여겨질 수밖에 없다. 적어도 대부분의 기후 모형 시뮬레이션이 보여주는 바가 그렇다. 그렇지만 공식적으로는 여전히 오늘날 기후 모형에서 구름과 강수의 묘사는 가장 큰 불확실성 중 하나이다.

비행기구름의 역할

비행기구름condensation trail은 대략 10~13킬로미터 고도에서 비행기가 일으키는 인공적인 얼음구름을 말한다. 그런 고도에서는 주변 온도가 섭씨 영하 40~70도일 정도로 극도로 낮다. 대기의 최대 수분 함유량(그 이상에서 응결과 구름 형성이 일어난다.)은 기온이 떨어질수록 극도로 작아진다. 비행기 터빈 안에서 케로신 1킬로그램이 연소하면, 수증기 1.25킬로그램과 이산화탄소 3킬로그램뿐 아니라 질소산화물과 검댕이soot가 만들어진다. 비행기 자체가 배출하는 이산화탄소의 기후 효과는 무시할 만한 수준이다. 지표면 부근에서 추가되는 수증기는 그 자연적인 양과 비교할 때 별로 중요하지 않지만, 비행 고도에서 그것은 종종 비행기 바로 뒤에 응결 효과를 만들어낸다. 비행기구름이 형성될 확률은 주변 공기의 온도가 낮을수록 커진다. 그러나 비행 고도에서 주변 공기의 상대 습도가 낮다면 비행기구름은 만들어져도 오래 유지되지 않는다. 하지만 주변 공기의 습도가 얼음 형성에 필요한 값보다 높다면 비행기구름으로 생성된 얼음 입자들은 오랜 시간에 걸쳐 유지될 수 있다. 그런 얼음구름이 퍼져 넓은 영역을 덮으면 몇 시간이나 심지어 며칠 동안 눈으로도 관찰할 수 있다.

눈으로 볼 수 있는 비행기구름과 그것이 기후에 끼치는 영향은 본질적으로 광학적 성질에 달려 있다. 그것은 얼음 입자의 숫자, 크기, 모양에 의해 결정된다. 여기에서는 두 가지의 상반된 효과가 작용한다. 즉 스펙트럼의 태양광 영역■(단파장)에서 얼음구름은 태양복사를 우주로 반사하기 때문에 냉각 효과를 내지만, 스펙트럼의 열 영역■(장파장)에서 얼음구름은 온난화 효과를 가져온다. 태양에너지의 후방산란과 적외선 열복사의 감소 간의 밀고 당기기는 여러 요인에 의해 달라지기 때문에, 결과적으로 순효과가 애초 불분명하다. 그렇지만 그 광학적 두께가 작기 때문에 비행기구름은 온난화의 순효과를 내는 경향이 있다.

비행기구름에서 생긴 얼음구름으로 인해 증가한 구름 면적은 기후에 잠재적 영향을 끼칠 수 있다는 점에서 특히 중요하다. 위성 관측의 평가값, 그리고 다른 관측 데이터를 보면, 비행기구름이 만들어내는 장기 지속의 얼음구름으로 구름 면적이 지역적으로 산재해 눈에 띄게 증가하고 있다. 중앙 유럽과 대서양 횡단 항로에 걸쳐 비행기구름이 차지하는 평균 면적은 대략 0.5퍼센트인 것으로 밝혀졌다. 주요한 항로 바깥에서는 증가세가 훨씬 작다. 이런 수치는 20퍼센트 정도에 달하는 자연적인 얼음구름의 평균 구름 면적과도 뚜렷이 비교된다. 기후 시뮬레이션에서는 최근 구름 면적의 소폭 증가가 섭씨 0.05도 정도로 눈에 띄지 않는 기여를 하는 것으로 나타날 뿐이다. 그렇지만 여러 시뮬레이션은 만일 그 구름 면적이 10배나 더 추가된다면 비행기구름이 기후 변화에 눈에 띌 만한 기여 요인으로 작용할 것으로 내다보고 있다. 항공 교통량의 급속한 증가가 예상되기 때문에 비행 교통량이 기후에 끼치는 영향은 앞으로 수십 년 안에 지금보다는 훨씬 커질 것으로 보인다.

비행기구름 자체의 영향 외에, 추가된 응결핵은 증발로 인해 비행기구름이 사라진 뒤에도 온실효과에 계속 영향을 끼칠 것으로 여겨진다. 그래서 대류권 계면의 일반 고도에 있는 얼음 핵의 숫자는 추가적인 얼음구름(권운■)의 형성을 촉진할 만큼 강하게 증가할 수도 있다. 그러나 이런 것들이 항공기의 배출에서 직접 비롯했다고는 말할 수 없기 때문에, 그런 연구를 곤란하게 만든다. 그러나 지난 수십 년 동안에 '자연적인' 권운의 관측이 늘어났다는 것이 그런 영향을 보여주는 것일 수도 있다.

여기에서, 이른바 '화학꼬리구름' chemtrail에 대해 자세히 알아보자. 『라움 & 차이트』*Raum & Zeit*(127/2004)라는 저널이 「하늘의 파괴」라는 제목의 글을 발표한 이래, 이에 대해 우려하는 많은 시민들이 화학꼬리구름에 관한 이야기에 진실이 있느냐는 물음을 해왔다. 화학꼬리구름은 비행기가 대기에 배출한 화학물질을 함유하는 것으로 여겨졌다. 다른 무엇보다도 이 글에는 미국의 비밀 프로젝트를 위해 일하는 군용 항공기와 민간 항공기들이 대기에 알루미늄과 바륨 성분을 배출했고, 그로 인해 비행기구름의 형성과 비슷하게 화학꼬리구름이 생겨난다고 전한다.(화학꼬리구름이라는 말은 비행기구름(비행기꼬리구름contrail)을 빗대 만들어졌다.) 이 글은 이런 배출 작전은 인간 유래 온실효과에 의해 생기는 온난화에 대처하기 위해 계획되었다고 주장했다.

알루미늄 성분을 대기에 배출했다는 과학적 증거나 이른바 '화학꼬리구름'이 형성되었다는 과학적 증거는 없다. 독일 연방환경청에 따르면, 앞에서 전한 현상은 독일 항공우주센터DLR에서도 파악되지 않았다. 여러 해 동안, DLR에 있는 대기물리연구소의 과학자들은 항공 교통의 배출이 대기에 끼치는 효과를 연구해 왔는데, 상업 항공사들에 의한 기체 배출과 입자 배출의 여러 측정도 연구에 포함되어 있다. 만일 화학꼬리구름 같은 것이 존재한다면 DLR은 당연히 그에 관한 정보를 갖고 있을 것이다. 그러나 측정 자료에는 그런 현상을 보여줄 만한 아무런 단서가 없었다. 독일항공안전국Deutsche Flugsicherung GmbH: DFS은 항공 교통 통제 모니터에는 화학꼬리구름에 관한 이야기에 믿음을 줄 만한 어떤 의심스러운 비행도 관측된 바 없다고 확인했다.

이에 더해서, 독일기상국은 관측 데이터에서도 비행기구름의 이례적인 형태를 보여줄 만한 어떤 이상 징후도 발견되지 않았다고 보고했다. 독일 연방의 국방장관조차도 그런 발견을 보고하지 않았다.

미국 공군의 유럽 본부는 미국 공군에서 행해지는 그런 비밀 프로젝트는 존재하지도 않으며 존재했던 적도 없다고 발표했다. 유엔의 세계보건기구WHO도 화학꼬리구름의 존재를 보여주는 증거를 찾지는 못했다.

비행기구름에서 생겨나는 권운은 항공 교통의 기후 영향에 특히나 눈에 띄게 기여하는 요소이다. 비행기구름과 권운은 기후를 온난화한다. 그러므로 인간 유래 온실가스의 배출에서 비롯한 기후 온난화에 대항하는 수단으로서 추가되는 권운 또는 유사 권운을 활용하자는 주장은 의도와 달리 역효과를 불러일으킬 수 있다.

로렌츠 모형

1963년 로렌츠가 개발한 단순 모형을 사용해 대기의 몇 가지 근본 특성을 설명할 수 있다. 로렌츠 모형■은 비선형이며 기상, 기후와 기후 변화 같은 개념 간의 새로운 상관성을 입증하는 데 사용할 수 있다. 로렌츠는 제1종 예보와 제2종 예보를 구분한다. 여기에서는 기상예보가 제1종이며, 지구적 변화에 관한 예보가 제2종이다. 제1종 예보는 초깃값의 문제이다. 오늘날 대기 조건(응용할 수 있다면 해양 조건을 포함해)과 운동을 지배하는 물리법칙에 관한 지식을 사용해, 우리는 내일과 다음 주의 날씨, 그리고 다음 계절의 평균 날씨를 예측하고자 한다. 이와는 대조적으로, 제2종 예보는 초기 조건에 의존하지 않는다. 여기에서는 대기의 통계적 특성(예컨대 어느 해의 지구 평균기온, 또는 독일에 닥칠 것으로 예상되는 강한 눈보라의 수, 또는 대서양에 몰려올 허리케인의 수)이, 예를 들어 대기 중 이산화탄소 농도 같은 특정 매개변수가 변할 때 어떻게 변화하는지가 물음의 대상이 된다.

로렌츠는 제1종 예보가 비록 결정론적이기는 하지만 미래로 무한히 확장될 수 없음을 발견했다. 그의 모형 방정식에 있는 적절한 매개변수값(아래 수식에서 프라임 부호´는 해당 변수의 시간 미분계수 temporal derivative를 나타낸다.)은 다음과 같다.

$$X' = -\sigma X + \sigma Y$$
$$Y' = -XY + rX - Y$$
$$Z' = XY - bZ \qquad (1)$$

이는 불안정과 비선형성■이라는 두 가지 근본 특징을 띠는데, 오늘날에 '초기 조건에 대한 민감도' 또는 '나비 효과'로 알려진 현상을 일으킨다. 아주 짧은 시간에, 초기 조건의 너무도 작은 요란 disturbance조차 모형 궤적의 일탈을 초래한다. 이 요란은 나비의 날갯짓 정도로 사소한 것일 수도 있다. 그래서 '나비 효과'라는 이름이 붙었다. 이런 점에서 원칙적으로 기후 예측은 제한적이다. 초기 조건을 결정하는 과정의 오류, 모형을 구축하는 과정의 오류가 급속히 증식하기 때문에 일정 시간 이후의, 평균적으로 최대 14일 이후의 날씨를 예측하는 일은 무모한 일이다. 이런 현상의 상세한 연구가 결국에 카오스(혼돈) 이론의 정식화를 낳았다. 대기는 카오스 시스템의 전형을 보여준다.

로렌츠 모형은 여러 점에서 실제적인 거대 척도의 대기 순환과 비슷한 특징을 지니고 있다. 예를 들어 그것은 '체제 거동' regime behavior을 시뮬레이션하는데, 이 말은 시스템이 특정 상태로 보존되는 경향성을 지님을 뜻한다. 그런 체제는 실제로 관측도 가능하다. 예를 들어 겨울에 몇 주 동안 서풍이 지속될 때에 북서 유럽에 상대적으로 따뜻하고 습한 날씨가 나타나고, 안정적인 고기압 상황에서는 춥고 맑은 날씨가 두드러진다. 이와 대조적으로, 여름에 서풍이 오래 지속되는 상황에서는 이 지역에 상대적으로 차고 비가 잦은 날씨의 특징이 나타나고, 고기압이 버틸 때에는 덥고 맑은 상태의 특징이 두드러진다. 그런 체제 간의 이동은 무작위로 일어난다. 매개변수 r, σ과 b의 특정한 값에 대해, 상태 벡터(X, Y, Z)의 전개는 두 '나비 날개'를 지니는, 그 유명한 로렌츠 끌개 Lorenz attractor를 만들어낸다.(그림 13)

로렌츠 모형에는 두 가지의 특징적인 시간 척도가 있다. 첫째는 두 나비 날개 각각의 중앙에 있는 (약한) 불안정성을 지닌 붙박이점 둘레에서 일어나는 시스템의 전개를 보여준다. 둘째는 두 나비 날개 중 하나 안에서 이루어지는 특정한 체류의 지속을 보여준다. 그림 14는 두 가지의 시뮬레이션에서 변수 X의 전개를 보여주는데, 이 그림에서는 이 두 가지의 시간 척도를 분명하게 인식할 수 있다. 또한 그림 14는 우리가 카오스라고 부르는 것을 보여준다. 시뮬레이션은

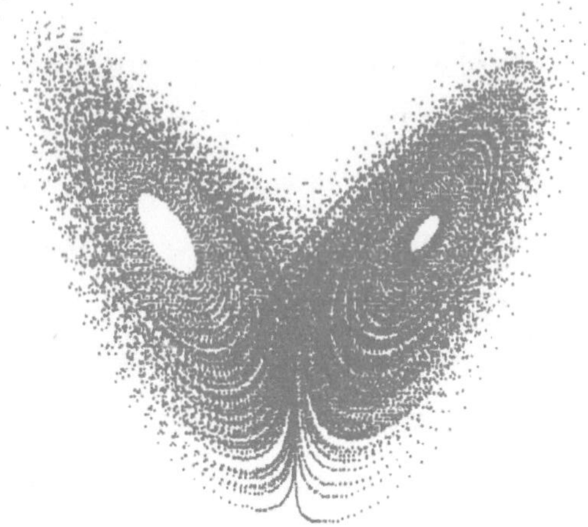

그림 13 X-Y 면에서의 로렌츠 끌개. 매개변수 r=28, σ=10, b=8/3을 사용해 앞에서 제시한 방정식으로 계산했을 때 Z축은 수직 방향을 나타낸다.(Palmer, 1993에서 인용)

동일한 매개변수로 반복되지만 초기 조건을 약간만 바꿔도 그 시스템은 매우 짧은 시간 뒤에 완전히 다르게 발전한다. 초기 조건에 관련된 이 정도의 민감도는 카오스 시스템만의 고유한 특징을 보여준다.

어떤 체제에 머무는 시간 길이는 전형적으로 몇 주 정도이다. 반면 체제의 변화가 일어나는 훨씬 짧은 시간 척도는 '종관적' synoptic 이라고 하는데 며칠에 불과하다.

애초에 로렌츠는 자신의 모형을 제1종의 예측 가능성을 연구하는

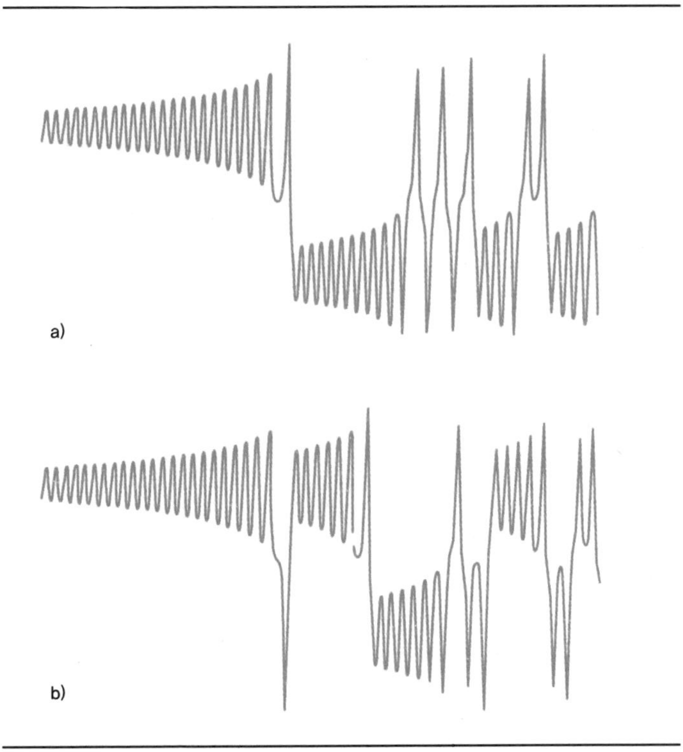

그림 14 a) 로렌츠 모형에서 특정한 초기 조건일 때에 X성분의 시계열.
b) 초기 조건을 약간 바꿨을 때에 시간이 흐르면서 나타나는 X성분의 발전(Palmer, 1993에서 인용)

데 도입했지만, 지금부터 우리는 제2종 예보를 자세히 살펴보는 데 로렌츠 모형을 이용할 것이다. 그러기 위해 우리는 F_x, F_y와 F_z라는 성분을 지니는 외부 강제력 벡터 F를 도입한다.

$$X' = -\sigma X + \sigma Y + \alpha F_x$$

$$Y' = -XY + rX - Y + \alpha F_y$$

$$Z' = XY - bZ + \alpha F_z \qquad (2)$$

외부 강제력 external forcing의 세기는 매개변수 α에 의해 조절된다. 이 외부 강제력은 예를 들어 대기 중 이산화탄소 농도의 변화이거나 이런 변화와 연관되는 지구 온난화일 수 있다. 우리는 로렌츠 모형의 기후가 매개변수 α가 변할 때에 어떻게 변하는지 계산하고 이해하고자 시도할 것이다. 비록 세 가지 성분의 로렌츠 모형은 실제의 기후 시스템을 거칠게 단순화한 것이지만, 그렇다고 해서 그 결과가 특별히 낮은 차원성 dimensionality에 의존하는 것은 아니다. 로렌츠 모형은 기후 문제의 비선형성을 분명하게 보여준다는 점에서는 유용하다.

우리가 결과를 보기 전에, 매개변수 α가 0에서 점차 변화해 갈 때 원래의 로렌츠 끌개(그림 13)가 어떻게 변하는지 추측해 보는 것도 좋다. 잘못된 선형적 사고를 한다면 우리는 끌개의 위치가 변화할 것이라고 믿을 수도 있다. 그러나 끌개 자체의 형태는 변함없이 유지된다. 그러므로 새로운 기후 상태 부근의 변동성 variability은 변화하지 않을 것이다. 단지 끌개의 이동이 일어날 수 있다. 그렇지만 실제적인 결과는 확률분포의 형식(확률밀도함수, probability density function: PDF)으로 그림 15와 같이 나타난다. 이는 X-Y 평면 위상 공간의 어느 점에서도 상태 벡터를 발견할 수 있을 확률을 보여준다.

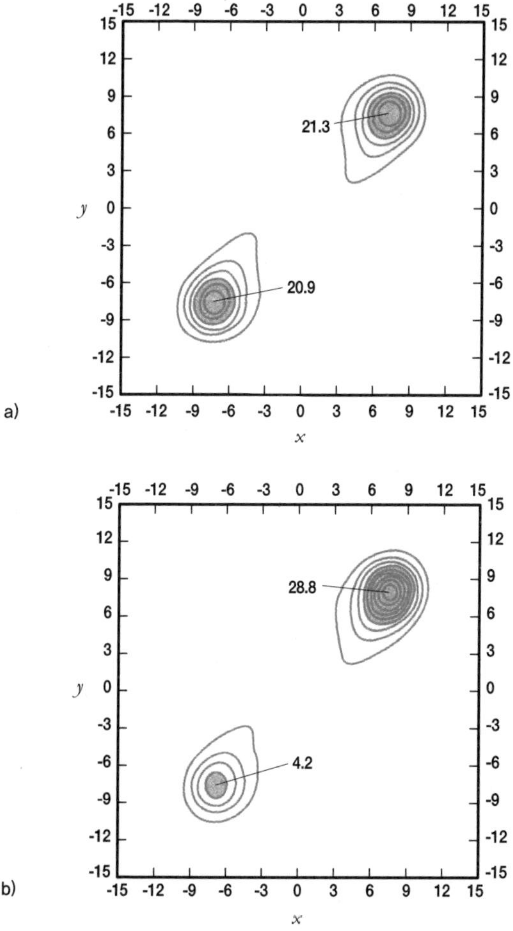

그림 15 a) 외부 자극이 없을 때($\alpha=0$), X-Y 평면상의 로렌츠 모형 확률밀도함수
b) 상수의 자극($F_x=F_y=1/\sqrt{2}$, $F_z=0$)과 $\alpha=2\sqrt{2}$일 때, X-Y 평면상의 로렌츠 모형 확률밀도함수
결과를 다듬는 데에 저역통과필터(low pass filter)가 사용되었다.(Palmer, 1993에서 인용)

먼저 강제력이 없을 경우($\alpha=0$)를 보자. 우리는 두 개의 체제를 분명하게 인식할 수 있다.(그림 15a) 확률밀도함수에 따르면, 우리는 나비 날개에서 두 개의 중앙에 속하는, 위상 공간의 두 가지 우선적 영역에서 상태 벡터를 찾을 수 있다.(그림 13) 더욱이 그 분포는 대칭적이다. 즉 상태 벡터를 두 가지 체제 중 하나에서 발견할 확률은 다른 체제에서 발견할 확률과 같다.

그림 15b는 강제력이 있는, 즉 $\alpha > 0$인 경우의 결과를 보여준다. 여기에 기술된 특정한 계산에서 강제력은 X-Y 평면상의 하나의 체제에서 다른 체제 쪽으로 향해 있다. 그렇지만 확률밀도함수는 더는 대칭적이지 않으며 상태 벡터는 강제력이 지시하는 체제에서 더 자주 발견된다. 그렇지만 최댓값 확률의 위상공간 좌표는 강제력 없는 앞의 모형에서 나타난 좌표와 사실상 동일하다. 그러므로 작은 자극이 주어지더라도, 변동 가능성이 커다란 변화로 나아갈 수 있다는 얘기이다. 지난 수십 년 동안 겨울에 서풍이 증가한 것은 이 비선형 거동의 징후 중 하나로 볼 수도 있다. 그러므로 지구 온난화의 결과로서 어떤 특정한 기상 상황(체제)의 발생 통계가 변할 수 있으며 그것은 다시 더 긴 기간의 데이터 평균으로 나타나는 평균적 기후를 변화시킨다. 로렌츠 모형에서 도출된 이런 간단한 고려 사항consideration은, 관심의 대상이 온실가스 농도 증가에 대한 기후 시스템의 반응이라면 기상과 기후가 함께 고려되어야 함을 보여주며, 또한 대체로 대기의 비선형성이 이런 반응을 결정하고 있음을 보여준다.

멕시코 만류란 무엇이며, 그것은 미래에 어떻게 거동할 것인가

멕시코 만류의 문제는 미디어가 늘 좋아하는 단골 메뉴이다. 그러나 미디어의 보도가 언제나 연구 분야의 최근 지식을 반영하는 것은 아니다. 가장 즐겨 다루는 취재 보도는 멕시코 만류가 붕괴하면 새로운 빙하기가 온다는 시나리오이다. 이런 종류의 시나리오에는 어떤 과학적 기초도 담겨 있지 않다. 멕시코 만류가 약해져 지역적인 냉각화가 일어날 가능성은 인간 유래 온실효과로 야기되는 온난화 영향과는 분명히 상반된다. 오늘날의 지식에 따르면, 멕시코 만류가 상당한 수준으로 약해져도 온난화 영향의 지배력은 계속될 것이다.

전통적으로 멕시코 만류로 불려왔던 것은 1513년에 스페인 탐험가인 폰세 데 레온Ponce de Leon이 발견한 바다 표층의 강한 수평 해류를 말하는데(발견된 지 20여 년 만에 스페인 항해 지도의 기초로 사용되었다.), 미국 동부 플로리다 해안을 따라 노스캐롤라이나까지 흐른다. 북위 35도의 해터러스 곶에서 멕시코 만류는 해안에서 벗어나 대략 50킬로미터의 폭을 유지한 채 광활한 대서양으로 큰 파도를 일으키며 나아간다. 한 무리를 이룬 흐름bundled stream으로 속도는 시속 5킬로미터이다. 해안을 벗어난 뒤에는 마치 뱀이 지나간 길처럼 굽이굽이 흐르기 시작한다. 불규칙적인 간격을 두고서 맴도는 고리형 와류closed ring가 해류에서 이탈할 때에는 대기의 저기압처럼 빙글빙글 휘감아 흐르는데, 눈에 띄게 작은 규모로 여러 달 유지된다. 대략 1,500킬로미터를 흐른 뒤에 멕시코 만류는 무리를 이룬 흐름의 특성을 잃어버린다. 그 뒤에 멕시코 만류의 연장이라고 불리는 지류들이 생겨난다. 노르웨이에 도달하는 지류는 북대서양 해류로도 알려져 있다.

기상도에서도 비슷한 것을 볼 수 있듯이, 멕시코 만류도 등압선과 같은 선을 따라 평행하게 흐른다. 이 경우 그 선은 해수면의 형상topography을 나타내는데, 위성은 그것을 불과 몇 센티미터의 정확도로 기록할 수 있다. 멕시코 만류에 대한 수학적으로 정밀한 설명은 1947년이 되어서야 스베르드루프Sverdrup가 제시했다. 그 원인은 대기 순환(열대 지역에서 동쪽 방향으로부터 불어오는 무역풍, 그리고 중위도에서 편서풍)과 지구 자전이 바닷물의 운동에 끼치는 효과(코리올리 힘)에 의해 강제되는 회전 운동이다. 코리올리 힘은 바닷물이 북쪽으로 나아갈수록 커진다. 멕시코 만류와 그 연장은 더운 열대 지역의 바닷물을 유럽 쪽으로 이끌며, 그래서 동일한 위도에 있는 지역들(예를 들어 캐나다)과 비교해 대체로 온화한 기후를 서부와 북부 유럽에 가져다주는 요인이 된다.

최근 몇 년 사이에 열염 순환(제1장의 「바다」 참조)으로 알려진 대서양 바다 순환의 수직적 측면이 대중적 관심을 끌었다. 북대서양 표층의 따뜻한 물의 대부분은 북쪽으로 흐르는데 겨울에는 냉각되어 대류 현상 때문에 깊은 해수층으로 가라앉은 뒤에 남쪽 바다로 되돌아온다. 이런 수직적 순환은 '대양의 컨베이어' 또는 '자오선 역전 순환'meridional overturning circulation으로 널리 알려져 있다. 이런 현상에 연계되어 북쪽으로 가는 열의 운반량은 대략 10억 메가와트 정도로 평가되는데 이는 대략 1초당 3억 킬로와트시에 달한다. 이런 열염 순환이 붕괴하면 중부 유럽의 온도는 연평균 섭씨 1~2도가량 떨어지고, 그로 인한 냉각 효과는 주로 겨울에 눈에 띌 정도로 나타날 것이다. 이런 점에서 온대 지역의 온화한 기후는 열염 순환뿐 아니라 대기가 상당한 열을 운반하는 데에서 비롯하는 것임이 분명하다. 더 나아가 대기에서 바람이 추동하는 기후 성분은 만일에 열염 성분이 붕괴한다 하더라도 멕시코 만류가 완전히 멈춰 서는 것을 막아줄 것이다.

열염 순환의 작동을 유지하는 데에는 고위도에 충분한 소금물이 필요하다. 소금물은 어는점이 더 낮기 때문에 매우 차가워질 수 있다. 오늘날 기후에서, 우리는 이 메커니즘을 '자기유지 펌프'self-sustaining pump라고 여길 수 있다. 즉 깊은 바닷물이 냉각하면 할수록, 표층에서 염분이 풍부한 물은 더 많이 아열대 지역에서 북쪽으로 끌려간다. 다양한 컴퓨터 모형에서는, 예컨대 빙하기 이후에 대륙성 빙상이 녹았을 때처럼 거대한 양의 민물이 바다로 유입되면 열염 순환이 충분히 망가질 수 있는 것으로 나타났다. 미래 기후의 전개와 관련해서, 열대에서 극지로 운반되는 수증기의 양이 지구 온난화의 결과로 증가하거나, 그린란드에서 빙상 규모의 균형에 변화가 생긴다면 그런 추진력에 변화가 일어날 수도 있다는 것이다.

열염 순환은 매우 민감한 해류 시스템이다. 1961년에 그것의 안정성을 스토멜Stommel이 개념 모형을 사용해 이론적으로 연구한 적이 있다. 스토멜의 비선형 모형은 두 개의 상자, 즉 적도 상자equatorial box와 극지 상자polar box로 이루어진다. 열염 순환의 세기를 보여주는 유동률rate of flow은 높은 압력에서 낮은 압력 쪽으로 나아가며 두 상자 간의 밀도 차이에 의해 추동된다. 밀도 차이는 대기와 상호작용하는 과정을 거쳐 그 시스템에 각인된다. 차원 없는 형태dimensionless form를 취할 때(프라임 부호´는 해당 변수의 시간 미분계수임을 나타낸다.) 그 방정식은 다음과 같다.

$$T' = \eta_1 - T\,(I + |\psi|)$$
$$S' = \eta_2 - S\,(\eta_3 + |\psi|) \qquad (3)$$

이 방정식에서, T와 S는 두 상자 간의 온도와 염분의 차원 없는 편차이며, $\psi = T - S$는 차원 없는 유동률을 말한다. η_1, η_2, η_3는 차원 없는 매개변수이다. 매개변수 η_2는 표층에서 일어나는 민물 유입의 변화를 기술하기 때문에 특히 중요하다. 인간 유래 온실효과에 의해 상당한 영향을 받을 수 있기 때문이다. 특히나 그린란드 얼음의 해빙 가능성을 이 매개변수가 포괄하고 있다. 이제 매개변수 η_2이 변화할 때 이 시스템에 나타나는 움직임을 관찰해 보자.(그림 16)

점 L_1에 이르는 매개변수 η_2의 값에 대해, 안정적인 해는 'TH 해'TH solution라고 하는데 그 특징은 극지 상자에서는 가라앉고 적도 상자에서는 부풀어오른다는 것이다. 이 상태는 안정적인 열염 순환과 북쪽으로 향하는 비교적 강력한 열 운반을 갖춘 오늘날의 기후에 상응한다. L_2보다 큰 매개변수 η_2의 값에 대해 안정적인 해는 'SA 해'

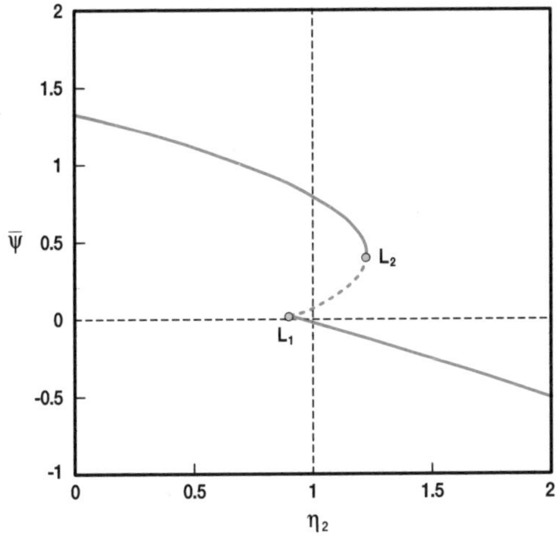

그림 16 모형 (3)의 유동률 ψ의 정지된 값을 보여주는 분기 다이어그램. 각각 매개변수 η_2와 고정된 η_1=3.0과 η_3=0.3의 다양한 값에 대해 이 해에서 점으로 표시된 부분은 불안정하다. (Dijkstra, 2000에서 인용)

SA solution로 알려져 있다. 여기에서는 적도 상자에서 가라앉음이 두드러진다. 이런 해는 열염 순환의 역전을 보여주며, 그래서 북대서양과 유럽 지역의 기후에 다양한 결과를 가져올 것이다. L_1과 L_2 값 사이에는 두 가지의 평형 상태가 존재한다. 즉, 이 시스템은 초기 조건에 따라서 두 가지의 다른 상태를 취할 수 있다는 것이다. 지난 빙하기 말엽에 열염 순환은 이렇게 두 극을 지닌 체제 regime의 주변부에 놓여 있었으며, 이로 인해 강력한 역전이 되풀이되었고 유럽 지역의 온도에 반영되었다는 가정도 가능하다. 그러나 오늘날 우리는 어디에 있는가? 만일 오늘날에 열염 순환이 분기점, 즉 뒤집는 지점 tipping point 부근에 놓여 있다면, 비교적 작은 요동만으로도 열염 순환을 붕괴시키기에 충분할 수 있다.

오늘날 계산되는 복잡한 기후 모형은 증가하는 대기 중 온실가스 농도로 계산했을 때 서로 다른 답을 내놓을 수 있다. 그러나 대부분 모형은 2100년 무렵에 열염 순환이 보통 수준에서 약화될 것이라는 시뮬레이션 결과를 내놓는다.(평균 25퍼센트 이내, IPCC 2007 참조) 그렇게 되면 북대서양 지역에서 온난화는 지체될 것이다. 그러므로 여러 모형은 열염 순환의 시스템이 분기점에서 여전히 멀리 떨어져 있다는 데 일치된 결과를 보여준다. 모형 중 어느 것도 2100년 무렵에 유럽 지역에 냉각화가 올 것으로 시뮬레이션하지는 않는다. 온실효과에 의한 온난화는 더 빠르게 진행할 것이며, 온난화는 멕시코 만류의 약화로 인한 냉각화 경향성보다 더 클 것으로 나타난다.

그런 점에서 빙하기가 도래할 것이라는 시나리오에는 근거가 없다. 열염 순환이 오늘날에 붕괴한다면, 앞에서 얘기한 대로 중부 유럽에서 보통 수준의 냉각화만이 초래될 것이다. 단순화한 모형에서는 대기 중 온실가스 농도가 급격히 상승하면 열염 순환이 완전히 정지할 것임을 보여주는 결과들이 제시되어 왔다. 그러므로 멕시코 만류 시스템의 미래에 관한 물음은 여전히 큰 논쟁을 불러일으키는 과학 논의의 주제이다. 그러나 다음 수십 년 안에 유럽의 냉각화를 동반하는 열염 순환의 완전 붕괴가 일어날 가능성은 극도로 적다.

지난 100년 동안 수집된 해수면 온도의 관측값을 토대로 삼는다면 열염 순환의 세기가 그동안 어떻게 변화해 왔는지 재구성해 볼 수 있다. 이렇게 함으로써 오늘날에 관측되는 약화된 열염 순환이 어느 정도 약화한 것인지도 평가할 수 있다. 다음과 같은 구상을 할 수 있다. 열염 순환은 대서양에서 북쪽 방향으로 열을 운반하는 것과 관련되어 있다. 이로 인해 북대서양이 온난해지고 남대서양은 냉각된다. 그러므로 열염 순환의 세기에 나타나는 변화는 북대서양 해수면 온도와 남대서양 해수면 온도 간의 차이로 측정할 수 있을 것이다. 열염 순환이 강하다면 온도 차는 두드러질 것이고 약하다면 차이는 작을 것이다. 그러므로 북대서양과 남대서양 간의 온도 차는 열염 순환의 세기를 보여주는 일종의 지문 구실을 한다. 이런 지문의 이점은 비교적 오랜 기간에 걸치는 해수면 온도의 관측값을 얻을 수 있어 장기 추세를 볼 수 있다는 점이다. 더욱이 온도 지문으로 사실상 열염 순환의 세기를 측정할 수 있다면 정교한 해류 측정도 필요 없게 된다.

그림 17은 이런 온도 편차가 시간에 따라 어떻게 전개되었는지 보여준다. 눈에 띄는 긴 시기의 요동을 볼 수 있지만 열염 순환의 약화를 오랫동안 지속적으로 보여줄 만한 추세는 보이지 않는다. 최근 수십 년 동안에는 온도 편차가 커지는 경향을 관측할 수 있다. 이런 결과는 열염 순환의 분명한 약화가 아직은 측정되고 있지 않음을 보여준다. 이는 또한 기후 모형이 지구 온난화에 대해 시도한 시뮬레이션의 결과와도 일치하는데, 오늘날 열염 순환과 관련한 어떠한 주

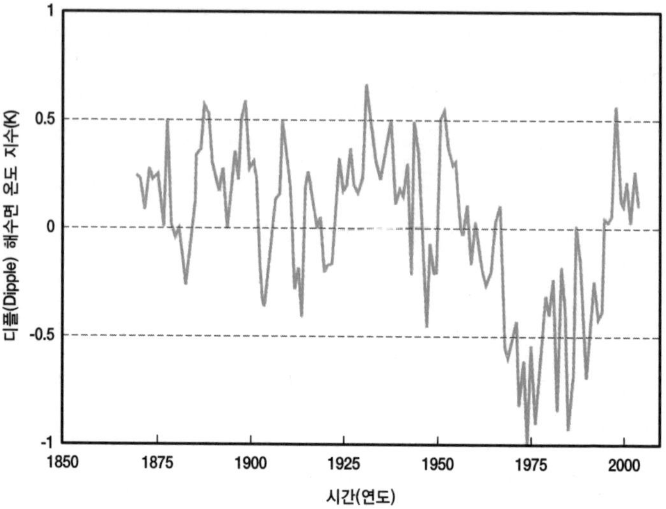

그림 17 북대서양과 남대서양 간의 온도 대비. 열염 순환의 세기를 나타내는 값으로 간주할 수 있다. 특히 수십 년의 시간 척도에서 두드러진 요동을 볼 수 있다. 그러나 열염 순환의 장기적인 약화는 나타나지 않으며, 특히 최근 수십 년의 기간에서 볼 때 그렇다.

요 변화도 예측되지 않고 있다.

제2부

20세기와 21세기의 기후

5 인간이 기후에 끼치는 영향

기후 변화 정부간 위원회

인간이 기후를 변화시키고 있느냐 아니냐의 문제에 대해 국제적인 기후 연구들이 오랫동안 답을 제시해 왔다. 오늘날 기후 변화의 존재에 대해 이의를 제기할 만한 사람은 사실상 없다. 그 정도로 기후 변화는 한창 진행 중이며 그 징후가 잘못 이해될 수도 없다.(그림 18 참조) 과학 연구의 평가와 소통에서는 기후 변화 정부간 위원회 Intergovernmental Panel on Climate Change: IPCC■가 결정적인 역할을 하고 있다. IPCC는 1988년 세계기상기구WMO와 국제연합환경계획UNEP이 창설했다. 이 조직의 임무는 첫째, 지구 기후 변화와 관련한 과학 지식의 상태를 기술하는 것이며 둘째, 국제 정책결정자들에게 권고하는 것이다. 2007년 기후 변화 정부간 위원회와 앨 고어는 '인간이 일으킨 기후 변화에 관한 더 큰 지식을 구축하고 확산하려고

했던 노력, 그리고 기후 변화에 대처하는 데 필요한 조처의 기초를 닦았던 노력'을 인정받아 노벨평화상을 받았다.

1990년 이래 IPCC는 많은 평가보고서를 냈는데, 정책결정자와 과학자, 그리고 다른 전문가들이 자주 이용하는 표준적인 참고자료가 되었다.(보고서는 www.ipcc.ch에서 볼 수 있다.) 세계에서 지도적인 수백 명의 기후 과학자들이 IPCC 보고서에 기여해 왔다. 일찍이 1995년의 보고서도 "균형 잡힌 증거들을 볼 때 지구 기후에 대한 인간의 영향은 식별할 만한 수준"이라고 제시했다. 2001년의 보고서는 "증가하는 관측 자료들은 기후 시스템에서 세계의 온난화와 다른 변화들이 일어나고 있다는 종합적인 그림을 보여준다"고 보고했다. 마침내, 2007년에 발표한 최근의 (네 번째) 보고서는 "기후에 끼치는 인간 유래 온난화와 냉각화의 영향에 대해 더 많이 이해하게 되었으며 …… 이제는 온난화 효과가 1750년 이래의 인간 활동이 만든 지구 평균적 순수 효과라고 매우 자신 있게 말할 수 있게 되었다"고 밝혔다. 우리 기후는 변화하고 있으며, 인간에게 부분적 책임이 있음이 국제 기후 연구에서 대부분 동의하고 있다. 다음 절에서는 이 동의에 기여했던 수많은 주요 관측을 설명하겠다.

오늘날 우리는 어떤 변화를 이미 보고 있는가

우리는 산업화 이래로 대기에서 온실가스, 특히 이산화탄소 농도가 크게 증가했음을 관측해 왔다. 이런 증가로 온실효과는 강화되었

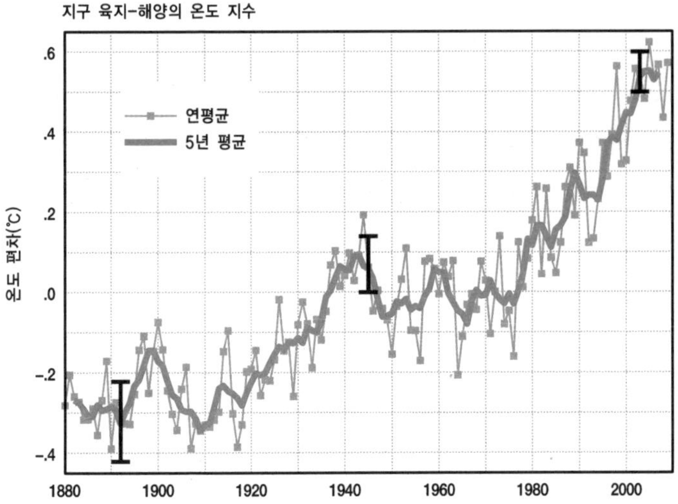

그림 18 지구 육지-해양의 평균온도(1880~2007)
가느다란 파란색 선은 연평균이며 두꺼운 파란색 선은 5년 평균이다. 검은색 막대는 불확실성의 크기 평가를 보여준다.(NASA에서 재인용) http://data.giss.nasa.gov/gistemp/graphs/)

으며, 그 결과로 지표면과 하층 대기에서 지구적 온난화가 일어났다. 그렇다면 오늘날 우리가 어떤 기후 변화를 겪고 있는지에 관한 의문이 제기된다. 이런 물음을 제기할 때에는 기후가 언제나 기후의 관성 때문에 외부 자극을 받아도 수십 년이 지나 뒤늦게 반응한다는 사실을 잊어서는 안 된다. 그래서 우리는 오늘날의 인간 행위에 대한 지구 시스템의 전체 반응을 관찰할 수는 없다. 그렇더라도 지구의 강한 온난화 현상은 지구에서, 그리고 북반구에서 이미 자명하다.(그림 18) 대략 얘기하면, 과거 수백 년에 걸쳐 지구 온도는 섭씨 0.8도가량 상승했으며 그중의 0.6도 상승은 최근 30년 동안에 일어난 일이었다. 2005년도는 온도 측정이 시작된 이래 가장 더운 해로 기록되었다. 이런 점에서 온난화의 대부분이 온실가스 농도가 아주 약하게 상승했던 20세기 전반부에 일어났다는 주장은 단박에 반박할 수 있다. 또 한 가지 흥미로운 점은 온도가 지속적으로 상승하지 않았으며 넓은 폭의 요동을 보여주었다는 사실이다. 이런 사실은 기후가 인간만이 아니라 여러 가지 다른 자연적 요인의 영향을 받고 있음을 분명하게 보여준다. 하지만 과거 수십 년 동안에 인간의 영향은 결정적 요인이 된 것으로 보인다. 그것은 지난 수십 년에 걸쳐 일어난 급속한 온난화에서 볼 수 있다.

대륙에서 일어나는 온난화는 바다에서 일어나는 온난화에 비해 상당한 수준으로 더 거셌다. 독일에서 지난 100년 동안의 온난화는 대략 섭씨 1도에 달했는데, 육상 지역이 바다 표면보다 더 강하게 따뜻해진다는 육지와 바다의 대비적인 특징을 확인하는 수치였다. 물론 측정값의 분석에서는 대도시 지역이 특히 강하게 더워진다는 도시 효과뿐 아니라 측정 방법이 그동안 변해 왔다는 점이 고려되었다. 그러므로 지난 100년 동안 지구 평균온도의 0.8도 변화도 보정된 수치로 이해해야 한다. 알려져 있는 체계적 오류를 이미 수정해 얻은 수치이다.

지난 100년 동안의 북반구 온도를 재구성하면, 지난 100년의 온난화가 그 이전 세기의 변화와 견주어볼 때 얼마나 이례적인지 알 수 있다. 1900년 이전의 온도는 주로 간접적인 방법(예컨대 얼음 시추 시료의 분석, 나이테 분석, 산호 분석 등)에서 도출되었다는 사실을 고려하더라도, 또 그렇게 규명된 온도값에 최대의 불확실성이 있다고 인정하더라도, 1990~1999년의 10년은 지난 1000년 중에서 가장 더웠던 시기였다. 추가적인 통계 분석과 모형 기반 분석(지문 방법)■을 결합할 때, 지난 수십 년 동안에 관측된 온도 상승의 원인은 결국 인간에게 있음을 오늘날에 높은 확률(95퍼센트 이상)로 주장하는 게 가능하다. 과거에도 인간 활동으로 초래되지 않은 기후 요동이 반복해서 일어났다. 중세 온난기나 소빙하기가 그렇다. 하지만 그것들은 모두 지난 수십 년의 기온 상승과 비교하면 적어도 지구적 규모에서 볼 때 상당한 정도로 약한 것이었다.

그렇지만 온도가 기후 변화를 보여주는 유일한 증거는 아니다. 지상의 얼음과 눈 면적도 줄어들고 있다. 북반구의 눈 면적은 1960년 이래 대략 10퍼센트 줄어들었다. 산악빙하는 전 세계에서 줄어들고 있다. 북반구의 바다얼음 면적도 감소했으며 얼음은 상당한 정도로 더 얇아졌다. 위성 측정이 정식으로 시작된 이래, 여름철 북극 바다얼음의 면적은 2007년에 가장 작았는데 그때에 바다얼음 면적은 처음으로 400만 제곱킬로미터 아래 수치로 떨어졌다.

알프스의 온난화가 지구 평균의 2배 수준이기 때문에, 이 지역의 몇몇 산악빙하는 지난 100년 동안에 전체 크기의 50퍼센트가량을 이미 잃었다. 해수면은 20세기에 대략 20센티미터가 상승했다. 부분적으로는 녹고 있는 빙하 때문이며, 부분적으로는 바다의 열 함량이 상당히 증가해 바닷물의 열팽창이 일어났기 때문이다. 북반구 중위도와 고위도에서 극한 강수의 빈도는 증가했으며 여름 가뭄도 증가했다.

지구 온난화의 결과로 변화하고 있는 또 다른 현상이 있다. 최근 수십 년 동안에 허리케인이 거세졌다. 허리케인이 되기 전 단계를 이른바 열대 폭풍tropical storm이라고 한다. 우리는 열대 사이클론을 여섯 가지 범주로 구분하는데, 열대 폭풍이 그 하나이며 나머지 다섯은 세기가 서로 다른 허리케인의 범주들이다. 제5범주가 가장 심각한 허리케인을 가리킨다. 1850년에 측정이 시작된 이래 2005년은 대서양 지역에서 열대 사이클론이 가장 많이 출현했던 해였다. 1933년에는 21개의 열대 사이클론이 공식 기록되었지만, 2005년에는 대서양 구역에서 28개의 열대 사이클론이 관측되었다.(그림 19) 특히 주목해야 할 점은 최근 수십 년 동안에는 주로 강력한 허리케인(제3부터 제5범주) 수가 증가했다는 것이다. 이번 10년과 다음 10년이 다를 정도로 자연적인 요동의 폭은 매우 크지만 요즘에 거세진 열대 사이클론 현상은 인간 유래의 영향을 보여주는 것으로 여길 만하다.

열대 사이클론은 바다 온도가 섭씨 26.5도 이상인 지역에서만 생긴다. 물론 다른 기준도 충족되어야 하는데, 예를 들어 바다 깊숙이 혼합층이 있어야 하고 수직 방향의 순간돌풍vertical wind shear이 최소가 되어야 한다. 대서양 구역에서 열대 사이클론이 증가하고 심지어 강력해지는 것은 허리케인이 발달하는 열대 대서양의 해수면 온도가 상승하는 데 따른 것이다. 최근 몇 년 동안 바다 온도의 상승에

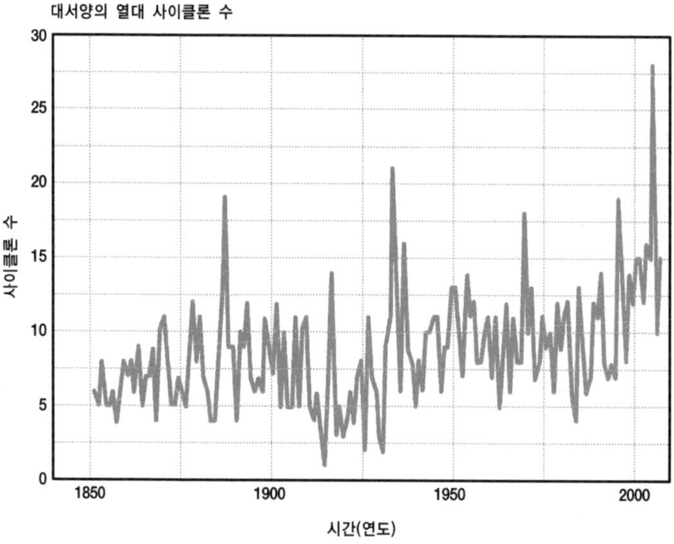

그림 19 1850~2007년 열대 사이클론 수(NOAA 자료)

는 두 가지 원인이 있다. 우선 몇 십 년의 주기(60~80년)를 지니는 자연적 순환이 있는데, 그것은 멕시코 만류의 순환(열염 순환)에 나타나는 요동에서 비롯하는 것일 수 있다. 이런 주기에서 지금 우리는 온난화 단계에 놓여 있다. 둘째 지구 온난화가 바다 온도에 추가적인 영향을 끼치기 때문에 현재 열대 대서양의 바다 온도는 지금까지 측정된 것 중에서 가장 높은 수치를 보여주고 있다. 예를 들어 2005년 여름에 해수면 온도는 장기간의 평균보다 섭씨 2도나 더 높았다. 이런 점에서 최근 수십 년 동안에 대서양 지역에서 관찰되는 열대 사이클론의 강화에는 적어도 부분적으로는 지구의 장기적인 온난화가 작용한 것으로 볼 수 있다. 물론 증명된 것은 아니다.

그러나 눈에 띄는 변화를 나타내지 않는 지역도 있으며, 특히 남반구에서 그렇다. 기후 모형에서도 그런 예측이 나오는데, 왜냐하면 남반구에는 육지의 면적이 더 작고, 또한 남극해 Antarctic Ocean의 경우에 강한 수직 혼합 현상으로 인해 상대적으로 볼 때 해수면에서 온난화가 거의 일어나지 않기 때문이다. 전반적으로 인간 유래 기후 변화의 신호들은 IPCC 보고서들에서 상세하게 읽을 수 있듯이 오해의 여지가 없다.

기후 변화는 누구 탓인가

태양 같은 자연 요인이 지구 온난화 과정에서 어떤 역할을 하는지에 관해서는 물음들이 되풀이하여 제기되고 있다. 기후 연구에서 기후에 대한 태양복사 요동의 잠재적 역할은 오랫동안 논의해 온 주제였다. 태양복사는 수십 년의 시간 척도로 요동하곤 한다. 요동의 많은 부분은 태양흑점 활동과 연관되어 있다. 태양흑점이 많아질수록 태양복사가 증가하며, 이에 따라 태양 스펙트럼은 단파장(자외선, UV) 영역 쪽으로 약간 이동한다. 여기에는 두 가지 주기가 알려져 있다. 첫째는 슈바베 주기 Schwabe cycle■라는 11년 주기인데 대략 0.1퍼센트의 진폭이 직접 측정되고 있다. 두 번째는 글라이스베르크 주기 Gleissberg cycle■로 불리며 대략 80년 주기로 전체 복사 대비

0.2~0.3퍼센트가량의 진폭을 띠는 것으로 추산된다. 그렇지만 1750년 이래 태양에 의한 순수 복사강제력은 고작 제곱미터당 0.1와트에 달한다. 이와 비교해 이산화탄소, 메탄, 염화불화탄소, 아산화질소의 농도 증가로 인해 추가되는 온실효과의 크기는 현재 대략 제곱미터당 2.6와트에 달한다. 더욱이 태양상수■에서 증가분의 대부분은 20세기 전반에 일어났으며 사실 1940년 이후에는 점차 떨어지고 있다.

우주 복사가 기후에 끼치는 영향도 자주 얘기된다. 이온화는 구름 형성을 자극하는 에어로졸의 형성을 촉진하는 것으로 알려져 있다. 구름 면적이 변화하면 다시 그것이 지구 온도에 영향을 준다고 여겨진다.(제7장의 「회의론」 참조) 그러나 오늘날까지 복잡한 기후 모형으로 재생할 수 있는 통계법이나 계산을 사용해서 이런 가설을 뒷받침할 수 있는 과학적 증거는 존재하지 않는다. 그래서 우주 복사의 영향은 세계에서 인정받는 어떤 기후 모형에서도 다뤄지지 않는다.

태양의 요동이나 화산활동 같은 다른 자연 요인은 기후에 어느 정도나 강한 영향을 줄까? 기후에 대한 인간의 영향력은 얼마나 클까? 이런 물음에 답하기 위해서 많은 복합 기후 모형을 사용하여 두 가지 다른 시뮬레이션을 수행했다. 그 결과가 그림 20에 나타나 있다. 첫 번째 시뮬레이션에서는 자연 요인만 고려했으며 두 번째 시뮬레이션에서는 자연과 인간 유래의 요인을 함께 고려했다. 두 시뮬레이션은 앙상블 방식에서 계산되었는데, 앙상블 방식이란 시뮬레이션이 다양한 초기 조건을 이용해 수행되었다는 뜻이다. 덕분에 우리는 기후의 내적 변동성internal variability 때문에 생기는 모형 결과의 내적 불확실성을 평가할 수 있다. 그림 20에서 개별 시뮬레이션의 범위는 음영으로 표시했으며, 앙상블 평균은 두꺼운 선으로 나타냈다. 후자는 외부에서 강제된 기후의 변동성에 대한 평가값이다.

두 모형의 결과는 자연 요인이, 특히 태양 세기의 증가가 관측된 온난화의 일부를 확실히 설명할 수 있음을 보여준다. 그렇지만 섭씨 0.2도가량, 즉 대략 4분의 1만을 설명할 뿐이다. 그러므로 태양의 변동성만이 지난 100년 동안에 관측된 대략 0.8도 상승에 관련된다고 볼 수는 없다. 특히 자연 요인은 20세기 전반에서 일어난 온도 상승의 특정 부분을 설명할 수는 있지만 근래 수십 년의 강한 온난화 추세는 설명하지 못한다. 태양복사의 상승이 대체로 1940년 무렵에 끝났기 때문에 이는 그러리라 예상했던 바이기도 했다. 자연 요인과 인간 유래 요인을 모두 다룬 시뮬레이션만이 만족스럽게 관측된 수치와 일치하는 결과를 내놓았다. 특히 지난 수십 년 동안에 일어난 지구 온난화 중에서 현저한 부분은 분명히 인간에 의해 야기된 것이다.

그림 20 a) 1901~1950년 시기와 비교되는 지구의 평균 표면 온도 편차. 검은 선이 관측된 값이며 다른 선은 인간 유래 강제력과 자연 강제력을 모두 고려한 시뮬레이션에서 얻은 값.
굵은 파란색 선은 여러 모형의 앙상블 평균을 나타내며 파란색 음영은 개별 시뮬레이션에서 얻은 범위를 보여준다. 수직의 가느다란 파란색 선은 주요한 화산 사건의 시기를 표시한 것이다.
b) a)와 같다. 다만 여기에서 지구 평균온도 편차의 시뮬레이션은 자연 강제력에 대해서만 계산된 것이다.(IPCC, 2007에서 인용)

a) 인간 유래 강제력과 자연 강제력의 경우

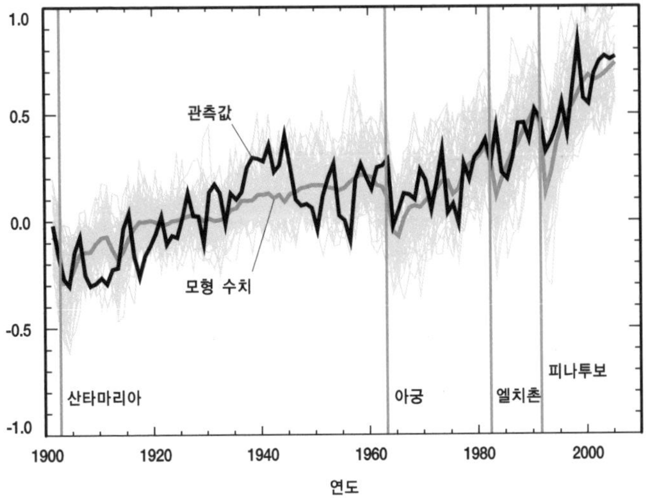

b) 자연 강제력의 경우

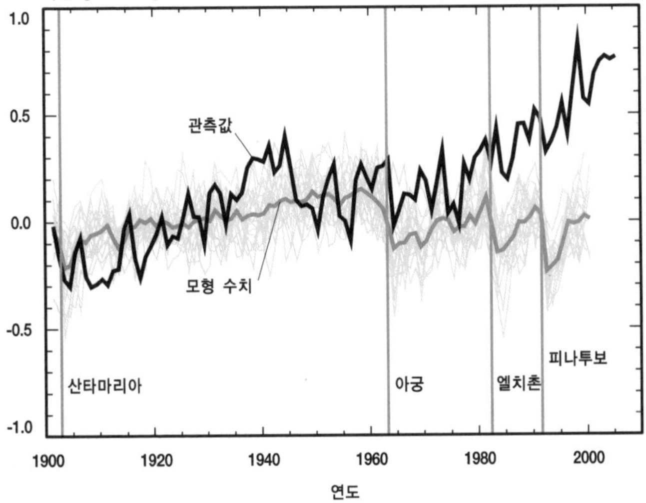

더욱이 인간 유래의 '황화 에어로졸'sulfate aerosol—이것도 주로 화석연료■를 태울 때 생성되지만 냉각화 효과를 일으킨다—의 영향을 함께 다루는 인간 유래 온실효과의 기후 모형 시뮬레이션을 보면, 인간의 영향력은 온난화의 수평 공간적 패턴(지문fingerprint)에서 고유한 패턴을 만들어낸다. 그것은 관측값에서 인식할 수 있는데, 자연(예를 들면 태양) 강제력의 패턴과는 명백하게 다르다. 앞에서도 보았듯이, 온난화의 시간적 전개 과정도 마찬가지이다. 마지막으로, 관측된 온도 변화의 수직 구조도 태양 강제력만으로 설명할 수 없다. 최근 수십 년 동안에 대류권은 온난화했지만 성층권은 냉각화했다. 이것은 인간 유래 온실효과에서 예상할 수 있는 고유한 패턴이다. 태양 강제력은 성층권을 냉각화하지 않을 것이기 때문이다. 그러므로 관측되는 온난화의 시간과 공간 구조 전체를 볼 때, 20세기 지구 온난화의 주된 원인으로 인간이 지목되는 것이다.

인간의 지문

기후 시스템은 크나큰 관성을 지니기 때문에, 대응 조처를 제때에 도입하기 위해서는 기후에 대한 인간의 영향을 될수록 빨리 인식하는 게 중요하다. 그 첫 번째 입증은 1995년에 제출되었다. 앞에서도 말했지만, 단순하게 표현하면 이산화탄소는 온실의 유리창과 같은 효과를 낸다. 즉 태양복사는 통과하게 하지만 우주로 복사되는 지구열의 일부는 막는다. 그래서 이산화탄소 농도 증가에는 지구 온난화의 위험이 뒤따르게 마련이다. 기후에 영향을 끼치는 또 다른 요인으로는 황화 에어로졸과 검댕이가 있다. 황화 에어로졸 입자는 산업 활동 과정에서 황산이 대기에 배출됨으로써, 또는 화석연료가 연소됨으로써 증가한다. 이것은 태양복사의 일부를 반사해 지역적인 냉각화를 유발한다. 바다-대기-바다얼음을 결합한 모형과 증강된 신호 인식 방법을 써서, 지난 수십 년 동안에 관측된 지구 온난화에 대한 책임이 인간에게 있음을 사실상 입증할 수 있었다. 인간 유래 기후 변화를 증명하는 일은 국제정치계를 움직여 기후 보호 조처들을 제도화할 수 있게 하는 중요한 발걸음이다.

시간에 의존하는 기후 변화 시뮬레이션(제6장 참조)과 외부 강제력 요소를 제거한 '통제' 시뮬레이션은 인간 유래 온실효과를 통계적으로 증명하는 값진 도구이다. 그런 시뮬레이션들은 인간 유래 기후 변화의 공간적 · 시간적 구조에 대한 예측을 제공하며, 덕분에 자연적인 기후 변동성('기후 잡음')의 통계적 속성을 평가할 수 있게 한다. 여기에서 제기하는 물음은 지난 수십 년 동안에 관측된 온난화의 시공간 구조가 자연적인 기후 변동성과 어느 정도나 조화를 이루는지에 관한 것이다. 예를 들어 자연적 기후 요동의 95퍼센트가 일어나는 어떤 정해진 신뢰구간의 범위 바깥에 관측된 온난화가 놓이게 된다면, 이런 온난화가 자연적인 기후 요동임을 보여주는 통계적 가능성은 5퍼센트에 불과하다. 반대로 이런 온난화가 인간에게서 유래했을 확률은 95퍼센트가 된다.

그림 18과 20에 바탕을 두어 앞에서 해석했던 것처럼, 사람들은

지구 평균온도만을 인간 유래 온실효과의 통계적 증거로 사용할 수도 있다. 하지만 인간 유래 기후 변화의 고유한 공간적 구조, 즉 그 '지문'이 모형 시뮬레이션에서 다루어지고 규명된다면, 더 일찍 그리고 더 믿음직하게 기후 잡음(즉 자연적 요동)에서 인간 유래 온실가스의 신호signal를 분리해 낼 수 있다. 그다음에 관측된 온도 변화를 이 지문과 비교한다면, 이런 문제가 스칼라 검출 변수scalar detection variable라는 하나의 숫자로 줄어들 수 있다. 그 지문이 변화하여 자연적 기후 요동의 범위를 훨씬 능가하게 되면, 기후 변화를 검출해 낼 가능성은 훨씬 더 커진다.('최적 지문') 이 방법에서는 낮은 수준의 자연적 기후 요동과 연관되어 있는 기후 변화 요소보다는 강한 잡음을 약하게 드러내는 기후 변화 요소에 가중치가 주어진다.

이런 지문 방법fingerprint method■이 지난 30년 동안 지표면 부근 기온에 나타난 선형적 추세(국지적 시간 계열에 맞춘 기울기의 증가)의 공간적 패턴에 사용되어 왔다. 여기에서 추세는 시간상에서 관측되는 것이므로 공간적 성분은 시간적 성분에 의해 보완된다. 장기적이고 균질한 온도 측정값은 관측된 기후의 전개 과정을 보여준다. 분석은 신뢰할 만한 온도 추세를 계산할 수 있는 지역에 한정해서 수행된다. 그리고 지문을 최적화하기 위해 외부 강제력을 제거하고 계산하는 모형의 통제 실험이 사용된다. 다른 모형을 사용해 추가적인 통제 시뮬레이션을 함으로써 기후 잡음에서 기인하는 검출 변수 안의 요동을 훨씬 더 정확하게 평가하는 데 도움을 얻을 수 있다. 그림 21은 기후 변화의 검출 변수가 근래에는 자연의 잡음에서 벗어나

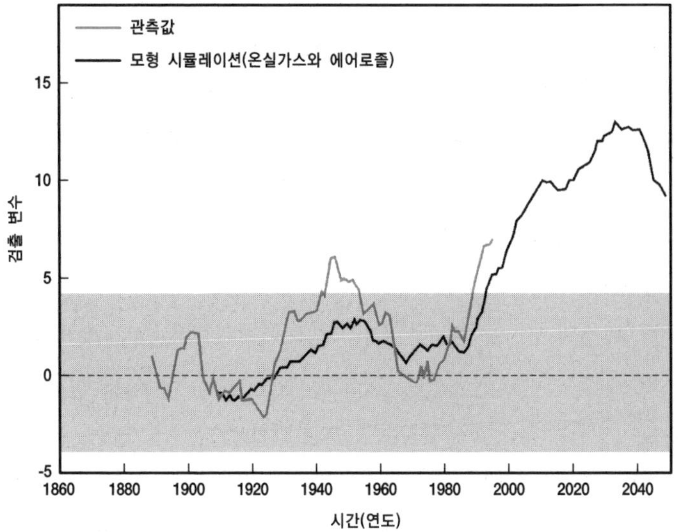

그림 21 30년 온도 추세에 나타나는 검출 변수의 변화(파란색은 관측값, 검은색은 모형값)
검출 변수는 30년 추세의 마지막 해에 표시했다.(그러므로 '1994'은 지난 1965~1994년에 대한 검출 변수를 나타낸다.) 음영 부분은 기후의 자연적 변동성에서 기인하는 검출 변수의 요동에 대한 95퍼센트 신뢰구간을 나타낸다.

기 시작했음을 보여준다.

그러므로 우리는 1965~1994년에 관측된 지표면 부근 기온의 상승이 자연적 변동성의 일부라는 가설을 5퍼센트 미만의 위험도로 기각할 수 있다.(공식적으로는 사실상 2.5퍼센트이다. 왜냐하면 검출 변수에서 양의 변동에 대해서만 '단변량'univariate 검증이 수행되었기 때문이다.) 만일 최근의 여러 해를 포함해 고려한다면, 지구 행성이 더 더워졌고 이런 추가적인 온난화가 그 지문과 닮은꼴을 이루기 때문에 오류의 확률은 훨씬 떨어진다. 그림 21의 검은 곡선은 검출 변수의 경로를 기후 모형의 예측으로 보여주고 있다.(이 경우 서로 다른 초기 조건을 사용하는 두 가지 실험의 평균을 취함으로써 요동이 감소된다.) 모형의 예측은 지난 세기말의 관측값에 나타나는 이례적인 검출 변수의 값과도 일치한다.

그럼에도 불구하고 이런 결과는 모형과 관측 데이터에 의한 자연적 변동성의 평가가 충분히 정확하다는 가정에 의존한다. 20세기 전반기 중에서 1945년 무렵의 도드라진 온도 추세는 아마도 부분적으로는 그 시기에 이미 발달하고 있었던 인간 유래 온실가스의 신호로 설명할 수 있겠지만, 더 많은 부분은 태양복사의 증가라는 자연적 변동성의 극한 사건으로 설명할 수 있다. 고古기후학의 데이터를 보면, 그 시기가 지난 500년 동안에 북반구에서 일어난 가장 강력한 30년의 추세였을 수 있다. 그러나 변동성의 평가가 여러 기후 모형마다 다르게 나타난다는 사실은 자연적 기후 변동성의 평가가 여전히 어느 정도 불확실성에 놓여 있음을 보여준다.

기후 변화가 통계적으로 유의미함을 입증한다고 해서 이런 변화와 온실가스 농도의 변화 간에 인과적인 연결이 있음을 충분히 증명하는 것은 아니다. 기후 변화를 온실가스 농도의 변화와 연결하려면 우리는 외부에서 유래하는 기후 변동의 다른 모든 원인을 배제할 수 있어야 한다. 태양 요동과 화산 분출, 그리고 다른 사건의 역사에 대한 우리의 지식에는 여전히 매우 높은 불확실성이 있기는 하지만,

그런 것들이 기후에 끼치는 영향을 다 따져볼 때 현재 온난화 추세의 원인을 이들 요인에서 찾는 설명은 너무나도 설득력이 없다. 대기 온도 분포의 수직 구조 같은 요인을 연구하는 다른 계산 결과를 언급하지 않더라도, 관측값과 모형 계산 결과 사이에 나타나는 매우 강한 일치는 지구에서 특히 지난 몇 십 년 동안에 관측된 두드러진 온난화가 사실상 온실가스 농도의 증가와 연결되어 있음을 보여준다.

6 미래의 기후 변화 시나리오

기후의 관성

관성 inertia은 기후의 고유한 속성이다. 인간이 일으킨 기후 변화의 몇 가지 효과가 분명하게 모습을 드러내는 데에는 점진적 과정을 거친다. 이들 효과의 일부는 일단 어떤 문턱을 넘게 되면 돌이킬 수 없다. 그러나 이런 문턱의 수치가 어느 정도인지 정확히 알기는 어렵다. 이산화탄소의 긴 수명(대략 100년) 때문에, 오늘날의 수준으로 이산화탄소 배출을 안정화해도 안정적인 이산화탄소 농도에 이를 수는 없을 것이다. 물론 수명이 더 짧은 온실가스의 일부(예를 들면 메탄)를 안정화하면 그런 가스의 농도는 안정화할 수 있지만 말이다. 이산화탄소 농도를 어느 수준으로 안정화하려면 지구 차원의 이산화탄소 순배출량을 현재 배출량의 극히 일부 수준으로 떨어뜨려야 한다. 이산화탄소 농도를 더 낮은 수준으로 안정화하기를 열망한

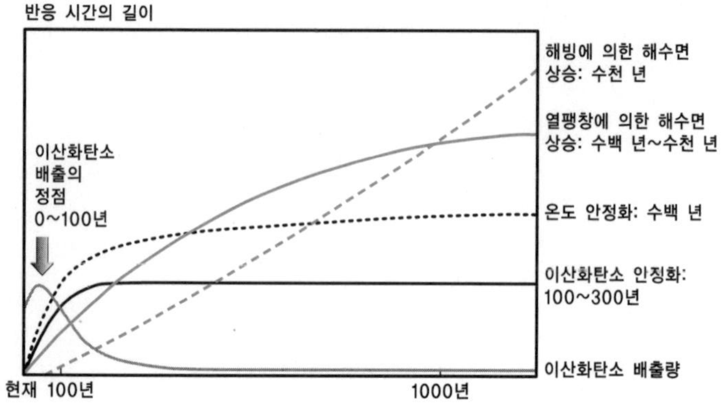

그림 22 이산화탄소 배출량이 감축되고 대기 중 이산화탄소 농도가 안정화한 이후에도, 표면 온도는 1세기 이상에 걸쳐 1세기당 섭씨 10분의 몇 도가량 상승한다.
바다의 열팽창은 이산화탄소 배출 감축 이후에도 오랫동안 지속된다. 빙상이 녹아 수세기에 걸쳐 해수면 상승에 기여한다. 이 그림은 450피피엠과 1,000피피엠 사이에서 안정화할 때를 전반적으로 보여주며, 따라서 효과 축에 구체적인 숫자를 담고 있지 않다.(출처 IPCC, 2001b)

다면, 우리는 지구 차원의 순배출량 감축을 더 일찍 시작해야 한다.

기후가 관성을 지닌다는 것은 이산화탄소 농도가 안정화한 이후에도 기후가 오랫동안 변화를 지속할 것임을 뜻한다. 기후 모형은 대기 중 이산화탄소 농도가 안정화된 이후에 최소 1세기에 걸쳐 지구 표면의 기온이 섭씨 10분의 몇 도 정도까지 지속적으로 상승하고 해수면은 수세기에 걸쳐 수십 센티미터가량 상승할 것임을 보여준다. 열이 심해까지 느리게 전달되고 빙상이 느리게 반응한다는 것은 해수면이 새로운 평형 상태에 이르기까지는 1000년 이상이 걸린다는 것을 의미한다.

21세기 이후에 대한 예측에서 개연성이 있어 보이는 기후 시스템의 몇 가지 변화는 잠재적으로 되돌릴 수 없게 될 것이다. 예를 들어 그린란드 빙상이 큰 규모로 녹아내려 멕시코 만류 같은 해양 순환의 패턴에 초래되는 근본적인 변화는 인간의 몇 세대를 지나도 되돌릴 수 없을 것이다. 변화가 점진적이지 않고 급속히 일어난다면, 작은 규모의 온난화에 의해서도 바다 순환에 근본 변화를 일으키는 문턱값threshold value에 도달할 수 있다. 적응과 완화를 위해 앞을 내다보는 대처가 필요한 이유도 바로 이 관성과 불가역의 잠재성 때문이다.

미래는 어떻게 될 것인가

화석연료 연소와 다른 인간 활동으로 인해, 이산화탄소와 메탄 같은 온실가스의 대기 중 농도가 증가하지만 햇빛의 일부를 반사해 인간 유래 온실효과를 맞받아치는 구실을 하는 입자(예를 들어 황화 에어로졸)의 몫도 증가한다. 지구 기후에 대한 미래의 결과는 컴퓨터 시뮬레이션을 사용해 추산할 수 있다. 지구 기후 모형은 대기, 바다, 바다얼음, 그리고 지표면에 일어나는 물리적 과정 간의 상호작용을 정량적으로 기술하여 만든 프로그램이다. 기후 모형에 요구되는 입력 매개변수에는 오래 지속되는 온실가스의 농도가 가장 중요하게 포함된다. 반면 구름 형성과 강수 같은 기후 내적 과정과 밀접하게 연결되어 있는 짧은 수명의 에어로졸 농도는 일반적으로 기후 모형 내부에서 배출량을 계산해 얻어진다.

기후 모형의 결과는 특정한 '시나리오', 즉 세계 인구, 산업화, 화석연료 소비 같은 변수들이 미래에 어떻게 될 것이냐에 관한 여러 가정에 따라 크게 달라진다.(그림 23은 기후 모형에 이산화탄소 농도의 여러 시나리오를 넣어 계산한 결과를 보여준다.) 물론 그런 기후 모형이 서로 다르면 동일한 시나리오를 사용해 계산하더라도 온난화에 관해 서로 다른 예보들을 내놓는다. 1990~2100년 시기에 대해, IPCC는 지구 온도 추세를 섭씨 1.1~6.4도의 대역폭bandwidth으로 제시했다.(그림 24) 이렇게 상대적으로 넓은 범위는 첫째로 미량기체의 미래 배출량에 관한 불확실성 때문에 생겨나며, 둘째로 모형의 불확실성 때문에 생겨난다. 그렇지만 2100년까지 미량기체 배출량에서 매우 큰 폭의 감축이 이루어진다 해도 추가적인 온난화를 생각할 수밖에 없는데, 왜냐하면 기후가 관성을 지니기 때문이다. 온실가스 농도가 2000년도 수준에서 안정화하기는 불가능하지만 그런 일이 일어난다 해도 지구는 추가적으로 섭씨 0.3~0.9도 더 온난화할 것이다. 그러나 온난화가 더 강해지더라도 우리는 여전히 막을 수 있다.

극단적인 경우, 2100년 지구의 평균기온은 대략 섭씨 20도에 도달할 것이다. 그림 25가 명확히 보여주듯이, 이 정도의 온도는 지구 역사상 간빙기 때에 전형적으로 나타났던 온도보다도 상당히 더 높은 것이다. 최근에 있었던 주요한 간빙기이며 대략 12만 5000년 전

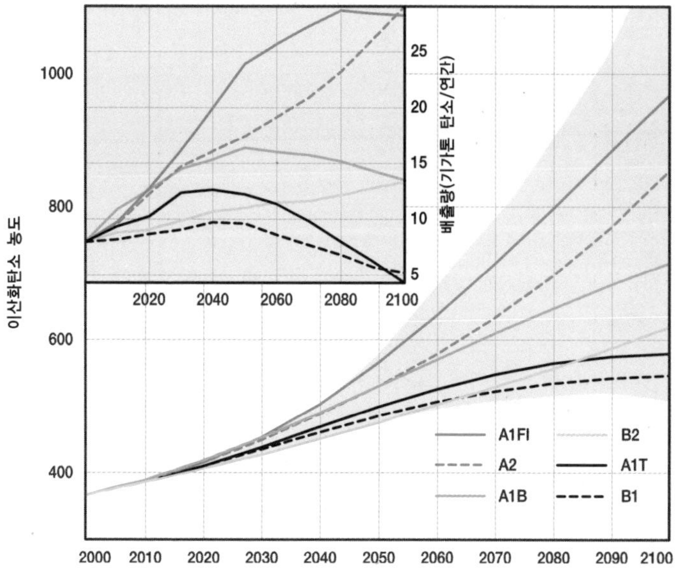

그림 23 이산화탄소 배출량(작은 그림)과, 기후 모형의 미래 기후 시뮬레이션에 사용되는 여러 농도 시나리오들(SRES)

에 일어났던 에미안 간빙기에는 온도가 이보다 상당히 더 낮았다. 오늘날 우리가 알고 있는 지식으로 보면, 섭씨 20도라는 지구 평균 온도는 적어도 100만 년 동안에 한 번도 나타난 적이 없었다. 게다가 더 더워진다는 섭씨 5도가량은 2만 년 전의 지난번 빙하기 때와 오늘날의 온도 차이에 해당하는 정도가 될 수 있다. 그렇지만 이와 대조적으로 지금 예상되는 온실효과의 온난화는 단지 100년 동안에

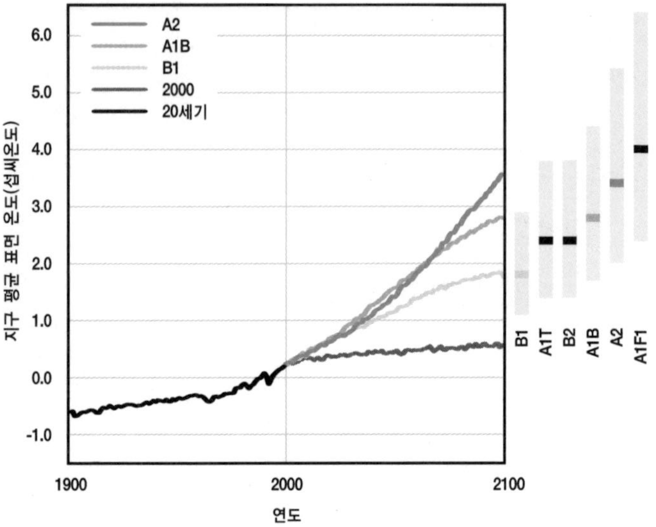

그림 24 21세기 지구 평균 표면 온도의 변화(시뮬레이션)
여러 실선들은 시나리오 A2, A1B와 B1에 대해 여러 모형으로 계산한 표면 온난화의 지구 평균으로, 20세기 시뮬레이션에서 이어지는 것으로 나타난다. 맨 아래쪽 선은 대기 중 농도가 2000년도 수준으로 일정하게 유지될 때의 시뮬레이션을 보여준다. 그림 오른쪽에 있는 막대들은 최선의 추정치(각 막대 안에 있는 실선)와, 여섯 개의 SRES '표지자 시나리오'(marker scenario)에 대해 평가한 2090~2099년의 표면 온난화 가능 범위를 가리킨다. 모든 온도는 1980~1999년 기간과 비교한 것이다.(IPCC, 2007에서 재인용)

전개된 것이다. 이런 속도의 지구 기후 변화는 인류 역사에서 일어난 적이 없었다.

기후 모형은 매우 복잡한 실제의 기후 시스템을 근사적으로 묘사하는 것 이상을 제공할 수 없다. 일반적으로 모형의 유효성 validity은

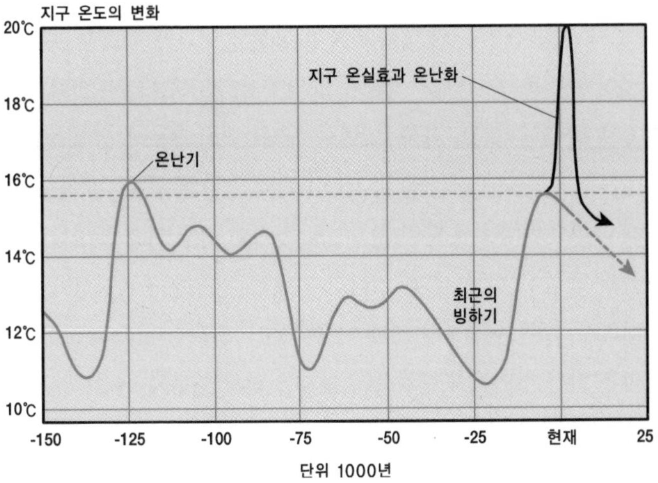

그림 25 지난 15만 년의 온도와 비교한 2100년까지 가능성 있는 최대 온도 변화

모형에서 다루는 지역의 규모가 커지면 그에 따라 증가한다. 예를 들어, 독일 내 지역의 기후를 세세히 이해하고자 할 때 그 정확도는 북부 유럽과 남부 유럽 간의 차이를 이해할 때보다 낮다. 그렇게 되는 주된 이유는, 현재의 지구 기후 모형이 쓰는 격자grid가 여전히 상대적으로 드문드문해서 격자점 간의 간격이 수백 킬로미터나 되고, 그래서 알프스 같은 산악지대의 고해상도 묘사나 구름 생성과 강수처럼 작은 척도에서 일어나는 과정을 상세하게 재현하는 데 걸림돌이 되기 때문이다. 이런 문제는 현재의 모형이 여전히 완결적이

지 않다는 사실과 무관하지 않다. 미래 기후에 나타날 수 있는 초목의 변화 같은 요인은 대체로 대륙성 빙상의 변화와 비교할 때 거의 다루어지지 못하고 있다. 앞에서 보았듯이, 초목은 기후 변화의 영향으로 변할 수 있고, 다시 그 변화가 지표면의 온도에 영향을 끼칠 수 있다. 초목의 동역학에서 나오는 되먹임 메커니즘은 대기 안 화학적 과정의 상호작용과 마찬가지로 차세대 기후 모형에서 더 많은 관심의 대상이 될 것이다. 그러나 앞에서 얘기한 불확실성이 있다 하더라도, 모형들은 그림 20에 나타나듯이 기후에 나타나는 거대 척도의 변화와 장기간의 변화를 비교적 신뢰할 만하게 계산하는 능력을 갖추고 있다.

21세기 중반 유럽의 기후

막스플랑크기상학연구소에서 개발한 모형을 분석하며 유럽 지역에서 예상되는 변화들을 살펴보자. 그 결과들은 여러 기후 모형의 특징을 보여준다.(2007년 발표한 IPCC 보고서 참조) 지구 온난화는 대기 중 수증기의 증가뿐 아니라 바다에서 육지로 가는 수증기의 증가 현상을 동반하고, 그래서 육지에서는 강수량이 증가한다. 그러나 강수량의 변동 폭은 지역마다 크게 다르다. 일반적으로 고위도 지역과 일부 열대 지역에는 강수가 더 많아지고 더 건조한 아열대 지역에는 비가 훨씬 더 적어진다. 그래서 지구상의 습윤한 기후와 건조한 기후 간의 차이는 더 커진다. 유럽의 기후에 대해서도 그렇다고 말할 수 있다. 그렇지만 유럽에서 강수의 경향성은 여름보다는 겨울 몇 개월 동안에 매우 다르게 나타난다. 여름 강수가 유럽의 거의 모든 지역에서 줄고 있지만, 겨울에는 북부와 남부의 편차가 두드러질 것으로 예견된다. 강수량이 적은 남부 유럽에서는 강수가 줄어들고, 비가 더 많이 내리는 중부와 북부 유럽에서는 강수가 늘어나는 식이다. 이 지역에서 강수의 증가는 북서 대서양의 겨울철 태풍의 활동이 강해지고 편서풍이 발달하는 것과 관련이 있다. 태풍과 편서풍이 대서양에서 습윤한 공기를 육지 쪽으로 가져오기 때문이다. 눈에 띄는 점은 큰 비가 잦아지고 이에 따른 범람 가능성도 높아진다는 것이다. 이런 현상은 부분적으로 지중해 연안에서도 마찬가지로 나타나 그곳의 평균 강수량이 떨어지고 있다. 대기 중 수증기 함량이 더 많아진 게 원인으로 추정되는데, 그로 인해 오늘날 기후 상태에 비해 극한 기상 사건extreme weather event 때에 강수량이 더 많아질 수 있는 것이다.

지역과 계절의 편차는 시뮬레이션의 온도 변화에서도 감지할 수 있다. 시뮬레이션에서는 여름에 가장 큰 온난화는 금세기 중반쯤에 스페인(최대 섭씨 2.5도)에서 일어날 것으로 예측된다. 겨울의 온난화 추세는 스칸디나비아와 러시아에서 특히 강할 것(최대 섭씨 5도)으로 예견되는데, 겨울 온도가 오르면서 강설량은 줄어들 것으로 예상된다. 이런 편차의 경향성은 규모는 작지만 연평균 온도에서도 감지할 수 있다. 전반적으로 중위도 지역에서는 금세기 중반쯤에 결빙 온도 밑으로 떨어지는 날이 20일 정도 줄고, 연중 섭씨 30도 이상인 더운 날이 20일가량 늘어날 것이다.

기후 변동과 관련해 중요한 물음 중 하나는 유럽에서 범람이 더 잦아질 것이냐 하는 것이다. 강의 범람이 늘어나거나 줄어드는 데에는 다양한 원인이 함께 작용한다. 첫 번째 원인은 하천 조절river regulation, 제방과 관개 시스템의 건설, 강물을 저장하는 토지 용도의 변경(예를 들어 삼림 벌채) 같은 강과 지천의 유속에 대한 개입이다. 이들 요인은 강마다 달라 미래에 끼치게 될 영향을 평가하기는 어렵다.

범람의 빈도와 규모에 영향을 주는 두 번째 중요한 요인은 기후 변화, 특히 극한 강수 사건의 빈도 증가이다. 모든 기후 모형은 온실가스 증가에 의한 평균적 온난화가 물 순환의 증강과 이에 따른 지구 평균 강수량의 상승을 동반할 것임을 예측해 보여준다. 이것이 개별 지역에 무엇을 의미하는지는 지구 대기 모형을 사용한 두 가지 계산 결과에 바탕을 두어 설명할 수 있다. 우선, 관측으로 얻은 온실가스 농도값을 사용해 1970~1999년 동안 오늘날 기후를 시뮬레이션했다. 그다음 2060~2089년의 미래 기후를 시뮬레이션했다. 그것을 이용해 미래의 이산화탄소 농도 추정값을 IPCC의 IS92a 시나리오에 맞추어 추출해 냈다. 여기에서 수행한 시뮬레이션은 '시간 조각 실험'time slice experiment이라 하는데, 격자가 드문드문한 해상도 모형(수평 해상도 대략 300킬로미터)에서 시뮬레이션된 조건값을 비교적 높은 해상도를 갖춘 모형(수평 해상도 대략 100킬로미터)에 집어넣는 방식이다. 격자 간격이 큰 해상도 모형은 앞 절에서 얘기한 바와 같이 1820~2100년을 대상으로 지속적으로 시뮬레이션되고 있다. 관심 대상(1970~1999년과 2060~2089년)의 시기('시간 조각')에 해당하는 해수면 온도와 바다얼음의 결과값을 다시 고해상도 모형에 집어넣는다. 이런 방법 덕분에 비용이 많이 드는 전체 시기의 고해상도 모형을 가동하지 않고서도 지역적 정확성을 높일 수 있다.

북부 유럽과 남부 유럽에서 하루 20밀리미터 이상 강수량을 나타내는 날의 수는 상당한 정도로 늘어나고 있다. 달리 말하면 매우 강한 강수 사건이 잦아지고 있다는 것이다. 오늘날의 기후 시뮬레이션과 비교하면, 특정 지역(예를 들어 노르웨이 해안)에서는 강한 강우 일수가 심지어 두 배에 달하는 것으로 나타난다. 이런 경향성은 알프스 산맥의 기슭에 있는 호엔파이센베르크 관측소에서 분명하게 볼 수 있는데, 강한 강수 사건의 수는 지난 100년 동안에 거의 두 배가 되었다.

강수의 변화가 하천에 끼치는 영향을 연구하기 위해, 앞에서 제시한 결과값을 지표면 빗물의 모형에 산입했다. 거기에서 순수 기후 효과를 규명하기 위해 인간의 개입(예를 들어 제방 건설이나 하천 조절)은 고려하지 않았다. 평균 강수와 극한 강수 사건이 모두 증가하고 있는 모든 지역에서 강한 범람은 더 잦아졌다. 이것은 특히나 북부 유럽과 일부 남부 유럽에서도 마찬가지였다.

게다가 그 모형은 유럽 대부분의 지역에서 여름 가뭄이 더 길어진다는 시뮬레이션을 내놓았다. 여름철의 극한값은 가뭄이 더 길어지고 강수는 더 강해지는 두 방향에서 모두 다 증가할 것이다. 모형 계산에서 나온 평가는 미래가 어떻게 전개될 것인지에 관한 징후를 제시할 뿐이다. 해상도가 더 좋은 모형이라면 훨씬 더 정확한 계산 결과를 내놓을 것으로 기대된다. 앞으로 2년 안에 10킬로미터 폭의 격자를 지닌 기후 모형의 계산 결과가 나올 것이다. 유럽을 대상으로 계산한 것처럼, 그 정도의 고해상도를 갖춘 지역별 기후 모형은 우리가 여름 건기는 더 길어지고 극한 강수는 더 많아질 것으로 예견하는 것 같은 수준에서 지구 모형 시뮬레이션의 유효성을 확인해 준다.

해수면은 얼마나 상승할까

평균 해수면은 다양한 시간 규모에서 일어나는 여러 요동에 따라 달라진다. 바람이나 조류에 의한 단기 진동도 일어나지만 지질이나 기후 과정으로 인한 장기 변동도 일어난다. 장기 변동은 다시 자연이 일으키는 기후 변화와 인간이 일으키는 기후 변화로 나눌 수 있다. 이 절에서는 장기적인 해수면 변화에 중요한 영향을 끼치는 개별 요인을 설명하고자 한다.

첫째, 인간 유래 온실효과로 인한 바닷물의 온난화는 해수기둥 water column의 팽창을 초래한다. 예를 들어 전체 해수기둥이 섭씨 1도 더 따뜻해지면 해수면은 대략 50센티미터 상승한다. 그렇지만 전체 해수기둥이 짧은 기간 안에 고르게 온난화하는 일은 현실에서 일어나지 않는다. 심해는 해수면보다 훨씬 더 천천히 온난화하기 때문에, 해수층 간의 매우 느린 수직적 교환이 퇴조하면서 전반적으로는 해수면 상승을 늦추는 효과를 만들어낸다. 그러므로 앞에서 말한 수치는 '열팽창'thermal expansion이 해수면 상승에 얼마나 기여할지에 관한 단순한 추산일 뿐이다.

둘째, 거대 빙상이 변화할 수 있다. 남극은 바다 밖에 있는 민물을 가장 많이 보관하고 있는 창고이다. 부피가 대략 2500만 세제곱킬로미터인 것으로 추정된다. 만일 이것이 다 녹는다면 해수면은 60미터나 상승할 것이다. 두 번째로 큰 창고는 그린란드 빙상이다. 그 부피는 300만 세제곱킬로미터가 조금 안 될 것으로 추정된다. 이것이 녹는다면 대략 7미터의 해수면 상승이 일어날 것이다. 남극 또는 그린란드 빙상의 장기적인 해빙이나 성장을 보여줄 만한 분명한 관측값은 제시된 적이 없다. 그러나 최근 몇 년 동안의 위성 측정값은 걱정스러울 정도로 그린란드의 해빙 속도를 보여준다. 게다가 검댕이 같은 오염물질로 인해 일어나는 빙상의 알베도(햇빛 반사 용량) 변화가 거대 빙상의 안정성에 어떤 영향을 주는지도 지금으로서는 명확하지 않다. 여름 해빙과 해빙수의 침투가 늘어나면서 거대 빙상은 지금까지 생각했던 것보다 더 빠르게 반응할 수도 있다.

셋째, 대략 100년 동안 산악빙하의 수축이 관측되어 왔다. 이렇게 녹은 물은 결국에는 바다로 흘러들기 때문에 해수면 상승의 직접적인 원인이 된다. 산악빙하의 부피는 대략 10만 세제곱킬로미터에 달한다. 만일 모든 산악빙하가 다 녹는다면, 해수면은 0.4미터까지 상승할 것이다. 덧붙여 말하면 바다에 떠 있는 바다얼음과 빙붕은 녹는다고 해도 눈에 띌 정도로 해수면 상승을 일으키지는 않는다.

넷째, 지각의 융기와 침강이 주로 지역적 규모에서 해수면의 상승과 하강을 일으킬 수 있다.(지각 운동)■ 일반적으로 이런 과정은 매우 천천히 일어난다. 그렇지만 예외도 있어서 일부 지각의 상당한 융기 또는 침강이 상대적으로 짧은 기간에 일어나기도 한다. 스칸디나비아 반도의 일부 지역은 지난 빙하기의 얼음 덩어리들이 사라지면서 해마다 최대 1센티미터씩 융기하고 있다.

20세기에 측정된 해수면의 평가를 보면 평균 해수면은 대략 17센티미터 상승한 것으로 나타난다. 이 수치는 지각 융기와 침강의 효과를 보여주는 관측 자료를 보정하기 위해 지각운동 지질학 모형의 결과를 사용해 계산한 결과에서 얻어진 것이다. 아쉽게도 결과에 담긴 불확실성은 여전히 매우 크다. 오랜 기간에 걸친 일련의 해수면 측정값이 거의 없기 때문이며, 보정 작업 자체에도 불확실성이 담겨 있기 때문이다. 1993~2003년 동안의 위성 측정값은 연간 3.1±0.7밀리미터가량의 해수면 상승을 보여준다. 여기에는 열팽창의 몫이 대부분을 차지해 연간 1.6±0.5밀리미터에 달하는 것으로 추산된다. 해수면 상승은 최근 몇 년 사이에 다소 가속화하고 있는 것으로 나타났다.

시뮬레이션이 보여주는 21세기의 해수면은 예상되는 온도 상승과 깊은 상관성을 지닌다. 기후 모형은 2100년도 무렵에 18센티미터 내지 59센티미터라는 더 큰 폭의 해수면 상승을 보여준다.(그림 26) 그러나 모형에는 얼음 유동의 급속하고 역동적인 미래 변화들이 포함되지 않았기 때문에, 극단적인 경우 해수면 상승은 눈에 띌 정도

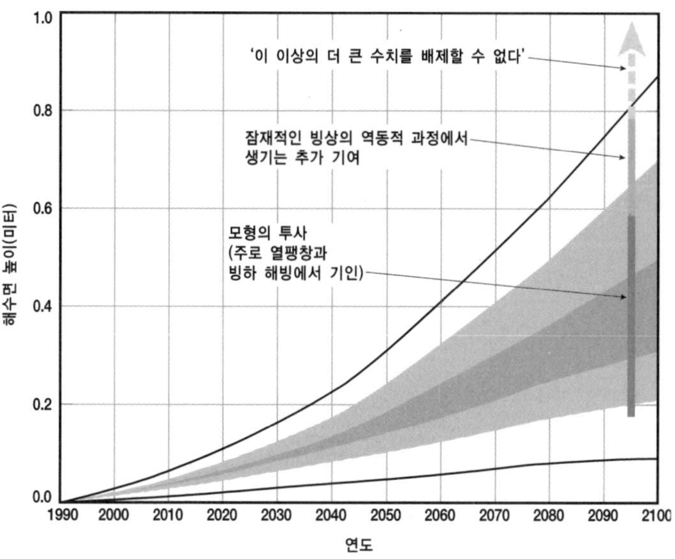

그림 26 시뮬레이션으로 투사한 21세기의 해수면 상승: 1990~2100년 동안 IPCC 2001년 보고서의 상승 범위를 선과 음영으로 표시했다.
가운데 짙은 음영은 SRES 배출 시나리오에 대해 복합 모형이 계산해 낸 평균값이다. 옅은 그림자는 모든 모형과 모든 시나리오의 범위를 나타낸다. 그리고 바깥의 진한 실선에는 토지-얼음 불확실성의 허용값이 포함되어 있다. IPCC 2007년 보고서가 제시한 시뮬레이션 투사는 2095년도의 자리에 찍힌 막대들에 나타난다. 막대의 아랫부분이 모형 투사의 범위이다. 이 범위에 가장 크게 기여하는 요소는 바다의 열팽창, 그리고 빙하와 만년설의 해빙이다. 막대의 중간은 지구 온난화에 대한 그린란드와 남극 빙상의 역동적 반응으로 인해 추가로 생길 수 있는 잠재적 기여이다.(www.cmar.csiro.au/sealevel/sl_proj_21st.html에서 재인용)

로 더 높아질 수 있다. 거대 빙상이 어떻게 반응할지는 여전히 답하기 어렵다. 그렇지만 온실가스 농도가 지속적으로 강하게 상승한다면, 그린란드 빙상의 상당한 부분이 2100년 무렵에 녹아 해수면 상승에 또 다른 요인이 되리라는 것은 충분히 가능한 일이다. 그린란드 해빙이 기여하는 몫을 수치로 확인하기 위해서는 기후 모형을 빙상 모형과 결합해야 한다. 대기 중 이산화탄소 함량이 매우 짧은 기간에 산업화 이전 수치인 280피피엠보다 4배가량 더 높은 수치인 1,100피피엠까지 상승한 뒤에 그 수치에서 안정화하는 조건으로 시뮬레이션을 했더니, 해수면은 해마다 최소 5밀리미터씩 상승했다. 대략 600년의 시간이 지난 뒤에는 그린란드 빙상의 40퍼센트가 녹아 없어졌다. 그러므로 열팽창과 그린란드 해빙의 결합 효과가 어떤 양의 되먹임 메커니즘과 연계된다고 생각하면, 지구 해수면이 2100년까지 1미터 이상 상승하리라는 것은 가능한 일이다. 요즘의 연구에서는 최근의 주요 간빙기였던 12만 5000년 전의 에미안 간빙기 때에 해수면이 오늘날보다 4미터 더 높았음을 보여준다. 금세기 중반 무렵에는 북극에서 에미안 간빙기 때에 지배적이었던 온도 수준을 넘어설 것이라는 예측도 있다. 그렇지만 빙상의 동역학과 연계된 과정은 아직도 잘 규명되지 않았기 때문에 빙상의 안정성에 관한 얘기에는 언제나 고도의 불확실성이 뒤따른다는 점을 언급해야 한다.(제1장의 「대륙성 빙상」 참조)

더 나아가 해수면 상승은 해류에 나타나는 변화 때문에 가까운 지역 사이에서도 다를 수 있다. 열염 순환의 붕괴 하나만으로도 북대서양의 해수면이 1미터까지 오르고, 반면 대서양 남쪽의 해수면은 떨어질 수 있다. 이런 수치는 바다 모형을 사용한 시뮬레이션에서 제시되어 왔다. 적도 태평양 지역에서도 엘니뇨 형태의 순환 변화는 해수면에 상당한 지역적 변화를 초래할 수 있다. 이 경우 태평양 서쪽의 해수면은 20센티미터 정도 떨어질 수 있고, 태평양 동쪽의 해수면은 비슷한 규모로 상승할 수 있다.

바다의 거대한 관성 때문에, 여러 예측 결과에서 해수면은 이산화탄소 농도가 안정화한 뒤에도 심지어 수세기 동안이나 계속해서 상승한다.(그림 22) 예를 들어 이산화탄소 농도가 2100년에 1,000피피엠 정도로 안정화해도 열팽창의 영향으로 인해 1미터 이상 상승할 수 있다는 것이다. 그렇게 안정화한다면 2100년 이후에는 해수면이 현저하게 상승하지는 않을 것이다. 모형 계산 결과를 보면, 1000년이 지난 뒤인 서기 3000년도에도 열팽창의 결과로 해수면은 지속적으로 상승하며 그때쯤이면 2미터 이상 충분히 상승할 것으로 예상된다. 비슷한 상황이 그린란드와 남극 빙상의 변화에도 적용된다. 우리의 후세대들은 우리가 일으킨 기후 변화의 영향을 받을 것이다. 해수면 상승은 인류가 직면하는 가장 큰 문제 중 하나가 될 것이다.

바다의 산성화

세계의 바다는 대기보다 50배나 많은, 그리고 지상의 생물권과 토양보다 20배나 많은 이산화탄소를 저장하고 있다.(그림 9 참조) 바다는 이산화탄소 보관소warehouse일 뿐 아니라 장기적으로 보면 가장 중요한 이산화탄소의 처분장sink이다. 대기와 바닷물 간에 나타나는 이산화탄소의 부분 압력partial pressure 차이로 인하여 인간 활동으로 배출된 이산화탄소의 일부는 바다 표층에 붙잡힌 뒤 해류에 의해 수십 년 내지 수백 년을 거쳐 이동하고, 결국에는 심해로 옮겨진다. 이미 수십 년 전부터 상층 해수에서 이산화탄소 농도의 증가가 감지되어 왔는데, 대기 중 이산화탄소 함량이 증가한 데 따른 것으로 볼 수 있다. 현재 바다는 해마다 대략 2기가톤 탄소를 흡수한다. 이것은 화석연료를 태워 생기는 인간 유래 이산화탄소 배출량의 약 30퍼센트에 달하는 수치이다. 총량으로 볼 때 바다는 1800년과 1995년 사이에 대략 118±19기가톤 탄소를 흡수했으며 이는 같은 시기에 화석에너지 원천(시멘트 제품 포함)에서 나온 이산화탄소 배출량의 48퍼센트가량, 또는 토지 용도 변경으로 인한 배출을 포함해 인간 유래 이산화탄소 배출 총량의 27~34퍼센트에 해당한다. 인간 유래 이산화탄소의 시그널은 평균 1,000미터 정도 수심의 바닷속에서도 찾아낼 수 있다. 바닷물 층 간의 교환이 느리게 일어나는 터라, 그것이 거대한 대양 구역에서는 아직 심해까지 도달하지 않았다. 그렇지만 북대서양에서는 심해의 구조(대류) 때문에 인간 유래 이산화탄소의 시그널이 수심 3,000미터까지 퍼져 있다. 대기에서 이산화탄소는 대부분의 경우에 화학적으로 중성인데, 이 때문에 대기 중 이산화탄소는 다른 기체와 반응하지 않으며 적외선 복사와 강하게 상호작용함으로써 지구 기후 변화에 중요한 영향을 끼친다. 이와는 대조적으로, 바다에서 이산화탄소는 화학적으로 활성을 띤다. 용해된 이산화탄소는 바닷물의 pH 수치를 낮추어 바다의 산성화를 초래한다.

이런 영향은 이미 측정되고 있다. 산업화가 시작된 이래 바다 표층수의 pH값은 평균 0.11 단위만큼 떨어져 왔다. 산업화 이전에 다소 알칼리성을 띤 8.18에서 더 나아가 바다 표층수의 산 함량은 증가했다. 다양한 IPCC 배출 시나리오에 바탕을 둘 때, 2100년 무렵에 대기 중 이산화탄소 농도가 650피피엠이 되면 산업화 이전 시기와 비교해 pH 평균값은 총 0.30 단위나 떨어질 것으로 예상된다. 농도가 970피피엠이 된다면 pH값은 0.46 단위나 감소할 수도 있다. 만일 우리가 대기 중 이산화탄소 농도를 450피피엠으로 제한하는데 성공한다면, pH 하락은 0.17 단위에 그칠 것이다.

바다 산성화■의 원인을 추적하다 보면 산성화는 오로지 대기 중 이산화탄소 농도의 상승에서 비롯한 결과임이 드러난다. 이런 특징 때문에 바다 산성화는 증가한 이산화탄소의 복사 효과에서 비롯하는 기후 변화와도 다르고, 기후 변화를 동반하는 메탄, 아산화질소나 다른 몇몇 기체의 증가에서 비롯하는 결과와도 다른 성격을 지닌다. 흔히 기후 변화 계산 결과에 관한 토론에서 '이산화탄소 등가' CO_2 equivalent라는 용어를 거론하는데, 이는 다른 여러 기체의 복사 효과를 이에 상응하는 이산화탄소의 복사 효과로 변환한 수치를 말한다. 기후 보호를 주장하는 이들은 복사 효과가 이산화탄소의 효과이냐 아니면 다른 온실가스의 효과이냐를 구분하는 것은 의미가 없다고 말한다. 하지만 이 주장은 바다 산성화에 끼치는 이산화탄소의 영향에 대해서는 적용되지 않는다. 세계의 바다를 보호하려면, 감축해야 할 배출 가스는 이산화탄소일 뿐이다.

산성화는 일차적으로 바다 안의 이산화탄소 함량이 급속히 증가해서 생기는 결과이다. 느린 과정을 거쳐 이산화탄소가 일단 바다에 들어가면 멀리 심해까지 섞이며 나아간다. 심해에서는 석회질 퇴적물이 서서히 용해하면서 산성화를 상쇄한다. 이 경우라면 바다의 pH값은 거의 항상성을 유지한다. 서서히 이루어지는 이산화탄소의 바다 유입은 지구 역사에서 되풀이해 일어났다. 지난 빙하기 말엽 이산화탄소 농도가 약 6000년 동안에 80피피엠 상승했을 때에도 그랬으며, 1억 년 내지 2억 년 전 때처럼 높은 이산화탄소 함량을 지녔던 기후 시대에도 그랬다. 그렇지만 인간의 영향으로 인해 지금 이산화탄소는 자연 현상으로 일어나는 것보다 적어도 1,000배나 빠른 속도로 바다에 들어가고 있다.

대기 중 이산화탄소에게 바다는 가장 중요한 최종 처분장이다. 바다가 인간 유래 이산화탄소를 흡수하지 않는다면, 이산화탄소의 대기 중 농도는 지금 수준보다 대략 55피피엠은 높아져 이미 400피피엠을 훨씬 웃돌 것이다. 그러나 교토 의정서■에서 규제하는 다른 온실가스에게 바다는 중요한 처분장이 아니다. 메탄CH_4의 가장 강력한 처분장은 하층 대기에 있는 수산기 라디칼OH이며, 대부분의 아산화질소N_2O는 성층권에서 태양의 자외선 복사에 의해 파괴된다. 그렇지만 바다는 아산화질소의 중요한 원천이며, 이 기체의 함량이 기후 변화의 영향 아래에서 얼마나 순조로운 상태로 있을지는 여전히 명확하지 않다.

이산화탄소 처분장으로서 바다의 역량은 대기 중 이산화탄소 농도가 인간의 이산화탄소 배출에 의해 얼마나 상승하느냐에 따라 좌우된다. 그러므로 이산화탄소 처분장의 역할을 하는 바다의 능력에 결정적 영향을 끼치는 요인은 대기 중 이산화탄소의 증가이다. 산업화 이전에 바다는 이산화탄소 처분장이 아니었다. 오히려 바다 표층은 해마다 대략 0.6기가톤 탄소를 대기에 배출했다. 동시에 지상 생물권에서(그래서 결국에는 대기에서) 나오는 같은 양의 탄소가 하천 유래 유기물질의 형태로 바다에 흘러 들어갔다. 그래서 대기가 함유하는 이산화탄소의 양은 변하지 않았으며, 수천 년에 걸쳐 그 수치는 대략 280피피엠에서 일정하게 유지되었다.

천년 단위의 긴 시간 규모로 세계의 바다는 한 차례 뒤섞이며 표층에서 흡수된 탄소는 고르게 퍼진다. 그러므로 장기적으로 보면 바다는 인간 유래 이산화탄소 배출량의 대부분을 흡수할 수도 있다. 그러나 배출되는 탄소가 많아질수록 바다가 흡수할 수 있는 몫은 작아진다. 바다 표층은 표층수와 대기의 부분 압력이 평형에 도달할 때까지만 탄소를 흡수하기 때문에 단기적으로, 즉 수십 년 내지 수백 년 안에 거대한 처분장의 잠재 능력도 일부만이 작동할 것이다. 흡수된 탄소 물질이 더 깊은 해수층으로 운반되는 과정이 제한을 받기 때문이다. 지금까지 바다는 인간 유래 탄소 중에서 30퍼센트만을 흡수했는데, 그 탄소는 대기 중 농도가 일정하게 유지되면 장기적으로 흡수할 수 있다. 지난 세기에, 바다의 연간 이산화탄소 흡수량은 대기 중 이산화탄소 농도와 거의 비례해 상승해 왔다(1피피엠마다, 1년마다 0.027±0.008기가톤 탄소씩). 그렇지만 미래에는 상대적인 이산화탄소 흡수량이 감소할 것으로 예견된다. 미래에는 이산화탄소 배출 경로와 대기 중 이산화탄소 농도뿐 아니라 이산화탄소 처분장의 역량도 이산화탄소를 흡수하는 바다 표층수의 용량, 표층수와 심해수 간의 교환 속도, 그리고 '생물학적 펌프' biological pump의 역량에 의해 규정될 것이다. 여기에서 '생물학적 펌프'는 해양 유기체가 광합성을 통해 이산화탄소를 흡수해 유기물질에 합성하는 과정을 가리킨다. 유기체는 죽어 심해저에 가라앉음으로써 바다 표층에서 탄소를 없애는 구실을 한다. 기후 변화와 이산화탄소 유입은 모두 이런 세 가지 과정에 영향을 주며, 그래서 바다 탄소 처분장의 효율에 영향을 끼치는 되먹임 효과를 일으킨다.

이산화탄소의 바다 유입에 의한 화학적 되먹임 메커니즘은 현재 잘 알려져 있다. 이산화탄소가 바다에 더 많이 들어갈수록 바다 표층의 탄산염 농도는 더 낮아진다. 이로 인해 탄소를 추가로 흡수하는 용량은 감소한다. 오늘날 이산화탄소의 대기 중 농도가 100피피엠 더 상승한다면(380피피엠에서 480피피엠으로), 표층수에 용해되는 탄소의 증가량은 산업화가 시작된 시기(280피피엠에서 380피피엠으로 상승했을 때)에 비해 이미 40퍼센트나 적다. 그래도 미래와 비교하면 지금의 탄소 흡수 용량도 큰 편이다. 앞으로 대기 중 이산화탄소가 750피피엠에서 850피피엠으로 상승하면 그 수치는 60퍼센트나 떨어진다. 장기적으로 바닷물이 완전히 뒤섞이는 데 걸리는 수세기에서 수천 년의 시간 척도에서 볼 때 이런 되먹임 메커니즘이 보여주는 결과는 이산화탄소의 총 배출량이 커질수록 대기에 머무는 이산화탄소의 몫은 커진다는 것이다.

온도가 오르면 이산화탄소가 바닷물에 용해될 가능성은 줄어든다. 가속화하는 온실효과로 인해 해수면 온도가 계속 오른다면, 바다 표층수의 이산화탄소 흡수량은 줄어들 것이다. 또한 해수면 온도의 상승은 바닷물에 더 안정적인 성층을 만들어, 바닷물이 아래쪽의 물 덩어리와 섞이는 일은 더 줄어들 것이다. 이로 인해, 그리고 열염순환의 잠재적 약화로 인해 이산화탄소가 풍부한 바닷물이 표층수에서 심해로 이동하는 수직 운반은 줄고, 결과적으로 바다의 이산화탄소 흡수 처분 효과도 줄어든다.

바닷물 성층의 안정성stability이 커지면 해양 생물에는 다양한 복합 효과가 나타난다. 일례로 심해수가 들고나는 양이나 산소의 유입량이 줄어든다. 더 나아가 바닷물 성층의 안정성이 커지면 표층수로 되돌아오는 영양소도 줄어든다. 1차 생산의 영양소가 제한되면 생물의 생산력도 줄어들 수 있다. 그렇지만 동시에 표층수로 되돌아오는 탄소의 양도 줄어든다. 그래서 생물 생산력은 그대로라 해도 대기 중의 이산화탄소는 바다로 더 많이 흡수된다. 이와 같은 두 가지 효과 중에 무엇이 더 지배적이냐에 따라 바다의 이산화탄소 흡수 기능은 커질 수도 작아질 수도 있다. 생물학적 펌프에 의한 탄소 운반도 기후 변화와 바다 산성화에 의해 변할 수 있다. 영양소 네트워크의 변화에서 멀리는 석회화 비율의 감소에 이르기까지 다양한 효과가 여기에 나타난다. 이 모든 것을 더 집중적으로 연구해야 앞으로 모형으로 개발할 수 있다.

언급한 효과 중 많은 것이 (여기에서 얘기되지 않은 다른 되먹임 메커니즘을 포함해서) 정량화하기 힘들지만, 결국에 그것들이 바다의 탄소 흡수 효율을 상당한 정도로 약화하는 데 기여함을 보여준다. 여러 모형의 계산 결과를 보면, 금세기 말이 되면 기후 조건의 되먹임 하나만으로도 바다의 탄소 누적 흡수량이 그런 되먹임이 없을 때에 비해 4~15퍼센트 줄어들 것으로 나타난다. 이런 기후 되먹임 효과들은 역시 바다의 흡수 능력을 약화하는 데 기여하는 지구화학적 효과들과 혼합되어 있다. 바다 처분장의 미래를 평가할 때 불확실성의 요인으로 가장 크게 부각되는 것이 1차 생산과 생물학적 펌프, 석회화 같은 생물학적 과정에 끼치는 영향이다. 우리 지식에는 크고 넘기 힘든 틈새가 여전히 있지만, 우리는 다음과 같이 요약할 수 있다. 대기 중 이산화탄소 농도가 계속 상승한다면, 바다가 흡수하는 인간 유래 이산화탄소는 절대량에서는 계속 늘더라도 그 상대적인 몫에서는 줄어들 것이다.

인간이 만들어내는 이산화탄소 농도 증가는 바닷물의 탄산염 시스템에 변동을 일으키고 pH 수치의 하락으로 이어지고, 그리하여 바다 산성화를 초래한다. 바다의 탄산염 시스템에서 현재 일어나고 있는 변화의 속도는 이례적으로 높아, 지구 역사에서 지난 2000만 년 동안에 경험했던 것보다 더 빠르다. 인간은 바다의 화학적 평형에 실질적으로 개입하고 있으며, 이는 바다의 생명체와 생태계에 영향을 끼칠 것이다. 무섭게 증가하는 이산화탄소 농도는 여러 가지 부정적인 생리 효과를 만들어내는데, 그 효과들이 다양한 해양 유기체를 대상으로 한 여러 실험에서 연구된 바 있다. 예를 들어 조류의 번식력, 동물 플랑크톤과 어류의 대사율, 오징어의 산소 공급, 홍합의 번식, 미생물에 의한 질산화, 금속의 흡수 등에서 나타나는 해양생물의 여러 변화가 규명되었다. 현재 시점에서 보면, 바다 유기체들이 미래의 대기 중 이산화탄소 농도 때문에 생기는 심각한 중독 증상으로 고통받을 것 같지는 않다. 오히려 이산화탄소 농도의 2배 증가는 많은 식물 플랑크톤 종의 광합성률을 대략 10퍼센트 증가시킨다. 그렇지만 광합성, 식물 플랑크톤의 1차 생산물, 그리고 영양소 네트워크의 반작용 간의 연계는 수많은 다른 요인(빛과 영양소 공급, 동물 플랑크톤에 잡아먹힐 위험의 차이, 적응 과정 등) 때문에 더욱 복잡해진다. 그래서 산성화가 식물 플랑크톤의 성장과 기질에 끼치는 효과는 매우 불확실하다.

광합성 이외에 석회화는 이산화탄소 농도 증가의 영향을 받는 가장 중요한 생리적 과정일 것이다. 석회화는 바다 생태계의 생태적 기능에 폭넓은 영향을 끼치기 때문이다. 그 자체로 대기 중 이산화탄소 농도와 이에 따라 달라지는 기후 시스템에 되먹임 효과를 촉발할 수 있다. 바다 유기체들은 탄산칼슘으로 자신의 뼈와 껍질 구조를 만든다. 그 탄산칼슘은 바닷물에서 추출해야 한다. 이는 바닷물이 탄산칼슘으로 과포화 상태에 있을 때에만 가능하다. 이산화탄소 함량의 증가로 인해 pH 수치가 떨어지면 석회화가 어려운 것도 이 때문이다. 결과적으로 뼈 구조는 더 약해지거나, 또는 탄산칼슘의 포화농도saturation concentration가 더 이상 유지되지 않을 때에는 심지어 용해되기도 한다. 산성화는 플랑크톤, 홍합, 바다달팽이, 산호 같은 특정한 집단을 비롯해 석회화를 하는 모든 바다 생물종에 충격을 가한다. 불가사리와 해삼 같은 극피동물은 특히나 위험에 처한다. 산호는 석회화를 하는 가장 놀라운 바다 유기체로 잘 알려져 있다. 그러나 산호가 산성화 환경에서 특별히 유해한 영향을 받겠지만, 그들은 지구적인 해양 석회화에 10퍼센트 정도만을 기여한다. 지구적인 해양 석회화의 4분의 3가량은 플랑크톤 유기체에 의해 이루어진다. 이들 가운데 석회비늘편모coccolithophoride라는 플랑크톤은 특별히 중요하다. 이 1차 생산자는 몇몇 종끼리 모여 광대한 플랑크톤 꽃을 만들어내는데, 탄산칼슘을 심해로 운반하는 데 중요한 역할을 하며 지구적 탄소 순환에 핵심적인 역할을 한다. 여러 실험에서는 대기 중 이산화탄소 농도가 상승하면 석회비늘편모의 석회화 작용이 극적으로 떨어지는 것으로 나타났다.

그러므로 금세기에 예측되는 pH 수치의 감소는 석회화 유기체에게, 결과적으로는 바다 생물권 전체에 상당한 정도로 영향을 끼칠 수 있다. 이와 더불어 기후로 인한 상당한 온도 상승도 예견된다. 이 두 가지 효과는 서로 독립되어 있는 게 아니다. 예를 들어 이산화탄소 증가는 동물의 온도 내성을 감소시킬 수 있다. 대표적으로 산호의 생태계에서 그런 부정적 영향을 볼 수 있다. 그렇지만 산성화는 영양소 네트워크에도 영향을 끼칠 것이다. 이산화탄소 농도 증가에 대해 유기체는 서로 다르게 반응하기 때문에, 이렇게 변화된 경쟁적인 환경은 유기체의 성장과 번식은 물론 생물종의 공간적 · 시간적 분포를 바꿀 수 있다. 바다의 산성화는 잠재적으로 어업에도 영향을 줄 수 있다. 대기 중 이산화탄소 농도 증가가 어류에 끼치는 예민한 독성 효과는 예측할 수 없다. 이산화탄소에 대한 어류의 예민한 민감도가 어느 정도인지는 예상 규모 이상의 농도가 나타날 때까지는 확정할 수 없기 때문이다. 그러나 식물 플랑크톤의 생물종에서 나타나는 기질 변화로 촉발되어 바다 생태계의 구조와 기능이 변화한다면 이는 곧바로 어업과 관련한 일이 될 것이다. 그리고 그런 변화는 영양소를 매개로 한 연결trophic coupling을 통해 영양소 네트워크의 상층으로 뻗어가는 결과를 만들어낼 것이다. 더 나아가 산성화가 열대 산호초에 영향을 주고, 산호초에서 생물종의 성장과 경쟁 조건에 변화가 생기면 그것도 어업에 부정적인 영향을 끼칠 것이다. 그러므로 대기 효과와 해수면 상승에 이어, 바다의 산성화는 인간 유래 이산화탄소 배출이 지구 시스템에 던지는 가장 큰 위험 중 하나이다. 그렇지만 이렇게 매우 복잡한 분야에 있는 여러 과정과 되먹임 메커니즘은 더 연구되어야 한다.

제3부

미래를 위한 전략

7 대중 담론

미디어의 역할

오늘날 우리는 미디어 사회에서 살고 있다. 그런 사회에서 최고선은 관심이다. 미디어(공적 · 사적 소유의 텔레비전과 라디오 방송국, 신문, 저널, 잡지, 인터넷)의 과잉으로 인해, 저널리스트가 시청자, 청취자, 독자 또는 인터넷 사용자의 관심을 끄는 일은 갈수록 어려워진다. 동시에, 시민들이 정보의 홍수 속에서 '제대로 된' 정보를 가려내는 일도 훨씬 더 어려워졌다. '제대로 된' 정보가 어떤 것인지를 여기에서 논하지는 않겠다. 아무튼 이런 발전의 결과로, 적어도 기후 논쟁의 경우에 어느 정도의 불확실성이 사람들 사이에 생겨나게 되었다. 부분적으로는, 이런 불확실성으로 인해 기후 보호를 위한 조처를 사회에서 시행하는 데 어려움도 있다. 다른 한편에서, 미디어가 없었다면 기후 문제는 지구촌의 최대 정치 현안의 자리에 오를 수 없었을 것이다. 이런 점에서 보면 미디어는 기후 연구가 혼자서는 해낼 수 없었을 일을 이루어낸 셈이다. 그래서 미디어의 지속적인 보도는 기후 연구의 관점에서 볼 때 전반적으로 긍정적인 평가를 받을 만하다.

그렇지만 미디어 보도에 관해 들려오는 일부 불만은 여기에서 짚고 넘어갈 필요가 있다. 시민들의 관심을 끌기 위해서 저널리스트들은 자주 과장법에 의지한다. 눈에 띄는 사례 하나는 1986년 여름 『슈피겔』*Der Spiegel*의 표지 사진이다. 사진은 몽타주 기법으로 독일 쾰른성당이 범람한 물에 절반쯤 잠긴 모습을 보여주었다. 최근의 사례는 롤란트 에머리치 Roland Emmerich의 영화 「투모로우」이다. 지구 온난화가 새로운 빙하기로 이어질 수는 없다는 게 과학계에서 동의하는 바인데도, 이 영화와 다른 여러 미디어에는 명백하게 잘못된 시나리오가 등장한다. 반대로 최대의 관심을 끌기 위해 이런 주제를 가볍게 다루는 경우도 있다. 몇몇 저널리스트는 다른 목소리를 내기 위해, 그리고 인쇄 부수를 늘리기 위해 기후 문제를 의문의 대상으로 삼는다. 사실 기후 문제에 관해 같은 얘기를 다시 듣는 일은 따분하기 마련이다. 관심을 끌기 위해서는 뭔가 새로운 것이 필요하다. 관심을 끄는 데에 '전문가 논쟁'만큼 좋은 게 있을까? 그런 일이 실제의 기후학계에 존재하지 않을 때에도, 이런 논쟁에 관한 이야기는 미디어에 자주 등장한다. 과학자들 사이에 논란이 없다는 말은 아니다. 그러나 인간이 특정한 미량기체를 대기에 배출해서 지구 온난화가 초래되었다고 보는 기본 명제는 전 세계에서 의문의 여지없이 받아들여지고 있다.

독일에서 '발트슈테르벤' Waldsterben(삼림 고사)으로 알려진 현상은 과학적 주제를 미디어가 어떻게 무책임하게 다루는지 보여주는 사례이다. 삼림 과학자들이 '발트쉐덴' Waldschäden(삼림 손상)이라고 얘기해도, 미디어에서 삼림 문제는 언제나 '발트슈테르벤'이라는 전문 유행어를 써서 논의한다. 삼림 손상은 이 분야의 연례보고서에서 분명하게 나타나듯이, 오늘날처럼 심각한 수준으로 일어난 적이 없다. 그러나 삼림은 여전히 살아 있고 이 때문에 과학자들은 비난에 직면한다. 이처럼 과학자들의 예측이 옳았다 해도, 미디어는 마치 과학자들의 예측이 잘못된 것처럼 다룬다. 일부 미디어에서는 기후 연구를 포함해 환경과학 전 분야의 연구 결과를 믿을 수 없다는 그릇된 결론을 이끌어낸다. 이런 사례는 미디어에 나타나는 과장법과 종말론적인 언어 선택이 전체 연구 분야의 신뢰를 어떻게 무너뜨리는지 잘 보여준다. 이로 인해 환경과학의 신뢰를 엄청나게 잃게 되는 결과가 초래될 수 있다. 비슷한 경우를 기후 문제에 관한 대중 토론에서도 볼 수 있다. 미디어는 '기후 문제'나 '기후 변화'보다는 '기후 재난'을 다루기를 좋아한다. 이러한 용어의 선택 탓에, 일부 미디어는 기후 연구자들의 예측이 잘못되었다고 판정해 버린다. 재난이 일어나지 않았음이 분명하다는 것이다. 그러나 진지한 기후 과학자라면 '기후 재난'이라고 말하지는 않을 것이다. 그런데도 과학자들의 기후 모형에서 나온 계산 결과를 최근 수십 년간의 실제 추세와 비교해 보면, 계산 결과가 과학적인 관측값과 아주 견실하게 상응함을 알 수 있다. 기후 모형이 매우 그럴듯한 것으로 입증되어 왔지만, 이러한 사실이 알려지는 경우는 드물다.

그러면 저널리스트들한테 무엇을 기대해야 할까? 무엇보다 메시지에는 진지함이 담겨 있어야 한다. 저널리스트 자신의 견해 때문에, 그리고 기사를 팔려는 충동 때문에 메시지가 왜곡되어 모호해지거나 잘못 전해져서는 안 된다. 미디어는 우리 사회에서 중요한 역할을 하고 있다. 그러므로 객관적으로 보도하려는 책임감을 지녀야 한다. 오늘날처럼 빠르게 돌아가는 세상에서는 기대하기 힘들지만 자세한 배경 취재도 필요하다. 더 나아가 미디어는 과학이 대중의 영역에서 논의될 수 있다는 오류에 쉽게 빠져서는 안 된다. 기후는 매우 복잡한 물리계이며 매우 난해한 수학적 방정식으로 설명된다. 그러므로 과학적 문제는 과학의 영역에서 논의되어야 하고, 미디어의 역할은 과학계에서 유지될 수 있는 연구 결과를 알리는 것에 제한되어야 한다. 물론 지식 격차가 여전히 존재하기 때문에 커뮤니케이션이라는 과제는 미디어가 할 일에 포함된다.

전문가의 역할도 여러 측면에서 비판적 조명을 받아야 한다. 대부분의 과학자는 자신의 연구 결과를 일반인이 이해할 수 있도록 제시하는 법을 배운 적이 없다. 대부분의 저널리스트는 과학 전문가가 아니기에 오해는 생기게 마련이다. 더욱이 과학자는 일반인이 과학의 언어를 과학자가 사용하는 것과 다르게 받아들이고 이해한다는 점을 잊어서는 안 된다. 예를 들어 일반인은 자주 가정법의 구문을 알아차리지 못한 채 간과한다. 확률에 관한 얘기가 전적으로 또는 적어도 부분적으로 오해되는 것도 마찬가지이다. 그래서 전문가들은 자신들의 공식적인 말에 큰 주의를 기울여야 한다. 그러기 위해서는 여러 전문가가 더 많은 시간을 투자해야 한다. 저널리스트와 마찬가지로, 전문가도 자신의 연구 주제를 띄우기 위해, 예컨대 특정 측면을 부각함으로써 자신의 주제를 추구하려 해서는 안 된다. 이 점은 특히 중요하다. 과학자다운 과학자들은 누구나 자신의 연구의 중요성을 과대평가하는 경향을 보이기 때문이다. 예컨대 구름의 형성 같은 과정이 기후 모형에서 정확하게 다루어지지 않았다는 이유만으로 그 모형 자체의 가치가 없어지는 것은 아니다. 그래서 지금 예로 든, 구름을 연구하는 물리학자들은 기후 모형의 전반적인 결과와 기후 문제 전체를 의문의 대상으로 삼지 않으면서 이런 불확실성을 대중과 소통하는 방법을 세심하게 고려할 줄도 알아야 한다.

지금 대중적인 기후 논쟁에서 우리는 어디에 서 있는가? 지구 기후 변화의 원인과 결과에 관해 널리 퍼진 그림 하나가 지배하고 있다. 오존 구멍과 온실효과 같은 복잡한 쟁점은 미디어에 의해(심지어 주립 방송국의 저녁 뉴스 방송에서도), 또한 대중에 의해 자주 뒤죽박죽이 된다. 사회에 확고한 지식의 기초를 세우는 일은 분명 가능해 보이지 않는다. 그러나 대중 사이에는 인간 활동의 결과로서 기후가 이미 변화했다는 인식, 그리고 변화가 계속될 것이라는 분명한 인식이 존재한다. 하지만 대부분 사람들은 기후에 끼친 인간의 영향이 구체적으로 어떻게 드러나고 있는지에 관해서는 분명하게 알지 못한다.

저널리스트와 전문가 사이의 관계와 관련해, 두 집단 간에 어떤 종류의 연대가 생겨나는 게 바람직할 것이다. 과학 쪽에서 볼 때에는 미디어 작업이 단지 필요악이 아니라 과학이 사회에 자리를 잡는 데에 실제로 중요한 기본 요소라는 통찰이 있어야 한다. 정책에 대한 대중의 여론을 형성하는 과정에는 과학이 필요하다. 전문가들은 대중이 이해할 수 있도록 복잡한 쟁점을 단순화함으로써 어느 정도는 저널리스트들의 요구에 적극 부응해야 한다. 다른 한편으로, 저널리스트들은 특정한 과학적 쟁점을 마음대로 단순화할 수 없다는 사실을, 그리고 일부 복잡한 과학적 문제는 선정적 보도에 어울리지 않는다는 사실을 어느 정도 이해하고 있어야 한다. 저널리스트들과 전문가들은 같은 배에 타고 있다. 그들은 서로 의지한다. 두 집단이 모두 대중 토론의 상태에 만족스러움을 느낄 때 비로소 사람들이 지구 기후 변화라는 사태에 관해 충분한 식견을 지니고 있다고 볼 수 있다.

회의론

지구 기후 변화에 관한 출판물을 보면 점점 모순되는 내용이 많아진다. 일부 저자들은 '온난기' Hot Age가 올 것이라고 경고하지만 다른 저자들은 다음번 빙하기가 다가오고 있다고 내다본다. 일부는 녹고 있는 극지에 관해 말하며, 다른 이들은 얼어붙고 있는 극지에 관해 말한다. 일부는 늘어나는 태풍과 홍수, 그리고 사막화를 경고하는데, 다른 일부는 지상 파라다이스를 기대한다. 일부는 남반구의 수많은 기후난민을 걱정하고, 다른 이들은 기후 보호를 위한 지나친 지출 때문에 북반구 나라들이 곤궁해지리라고 우려한다. 일부는 '즉시 행동'을 지지하며 다른 이들은 '기다려보자'는 전략을 주장하거나 이 모든 것이 정당성의 인정을 갈망하며 연구비에 목말라 하는 기후 과학자들의 책략이라고 믿는다. 일반인이 이런 상황을 충분히 이해하기는 어렵다. 자료는 난해하고 그 기원이 되는 문헌에 접근하는 일은 인내를 필요로 한다. 지금까지 출판된 것들은 대체로 비전문가라면 누구도 이해하기 힘들다. 이러한 상황을 완화하는 게 미디어 보도인데, 그것은 될수록 최신의 소식들로 채워지지만 사실 성찰이 빠진 보도가 되곤 한다. 이런 배경에서, 이른바 '회의론' skeptics이 주목받기는 아주 쉽다. 회의론에는 인간에 의한 기후 영향을 상대적인 것으로 만드는 중대하고도 새로운 물리 과정이 발견되었다거나, 또는 기후 모형에는 기후의 기본 속성을 시뮬레이션하는 능력이 없다는 주장들이 포함되어 있다. 그래서 기후 모형의 예측을 신뢰할 수 없다는 것이다. 회의론의 목표는 기후 문제를 경시하는 것이며 기후 보호를 위한 제도적 조치들을 저지하는 것이다.

그러므로 여기에서 기후 변화에 관해 행동할 필요가 없다고 말하는 회의론자들의 대중적 논증과 주장을 다룰 필요가 있다. 기후 변화 비판자 중에서 특별히 두드러지는 사람은 『쥐라기 공원』*Jurassic Park*의 작가인 마이클 크라이턴 Michael Crichton이다. 소설 『공포의 제국』*State of Fear*에서 그는 기후 문제를 만든 것은 본질적으로 기후 과학자들이며, 이들이 미디어와 신성하지 않은 동맹을 맺고 있다고 주장한다. 책을 읽어보면 크라이턴이 대중적인 회의론 논증을 옹호하는 쪽에 치우쳐 있음이 아주 분명해진다. 이런 논증의 일부는 언뜻 보아 그럴듯하게 들리지만 과학적 검토를 거쳐 유지되는 것은 아니다. 일부에 대해선 거짓 논증이라고도 말할 수 있는데, 멋지게 들리기는 하지만 과학적 타당성을 조금도 담고 있지 않다. 종종 그런 주장들은 명백하게 틀린 것이다. 더욱이 이런 논증들은 대체로 기후 연구에 참여한 적이 없거나 자연과학 교육을 받지 않은 사람들한테서 나온다. 그러니, 회의론이 무엇인지 간략하게나마 살펴보는 일은 필요하다. 잠깐 살펴봐도 회의론이 석유 로비와 연계되어 있거나 심지어 긴밀하게 관련되어 있음이 자주 드러날 것이다. 이제 이런 몇몇 논증이 정말 논리 정연한 주장인지 살펴보겠다. 독일환경국의 소책자에 정리된, 아주 자주 등장하는 논증 몇 가지를 검토한다. (Umweltbundesamt, 2004)

기상 예보도 며칠 앞만 내다볼 뿐이니 장기적인 기후 예측은 불가능하다

회의론자들이 얘기하는 가장 일반적인 논증의 하나는, 다음 100년의 미래 기후를 어떻게 내다볼 수 있느냐 하는 것이다. 기상은 불과 며칠 정도만 미리 계산해 낼 수 있잖은가? 기상과 기후는 다르다는, 즉 기후의 예측 가능성에 관한 쟁점은 앞에서도 다루었다.(제4장의 「로렌츠 모형」 참조) 여기에서는 이런 주장이 얼마나 터무니없는지를 명확히 보여주는 사례를 소개한다. 누구나 기후를 예측할 수 있는데, 예컨대 다가오는 여름이 지나간 겨울보다 더 덥겠다고 내다보는 게 바로 기후 예측이다. 이렇게 빤한 예보는 시시하게 들릴지 모른다. 하지만 회의론의 논증을 논리적인 결론까지 끌고 가려면, 이런 시시한 예보조차도 가능하지 않다고 말해야 한다. 명백하게 며칠보다 더 긴 기간을 다루는 예측이기 때문이다. 단순한 예보일지언정, 태양 위치가 변하기 때문에 이러한 예보도 가능한 것이다. 수학에서는 이것을 '경계조건'에 나타나는 변화라고 한다. 그래서 경계조건이 변할 때 기후 예측도 가능하다. 기후에 작용하는 중요한 경계조건은 대기의 화학적 성분구성이다. 우리가 온실가스를 배출함으로써 대기의 성분구성에 영향을 주고 있기 때문에 기후는 변화할 수밖에 없다. 그러므로 우리는 온실기체 배출의 불가피한 결과가 지구 온난화라고 확실하게 말할 수 있다.(제2장의 「자연의 온실효과」와 「인간 유래 온실효과」 참조)

이런 의미에서, 적어도 지구를 하나의 구로 생각할 때 앞에서 말한 시시한 여름-겨울 예보와 마찬가지로 지구 기후 변화의 예측은 단순한 것일 따름이다. 최초의 지구 기후 변화 예측이 이미 100년 전부터 이루어지고 있는 것도 이 때문이다.

그래서 카오스와 예측 가능성은 서로 배타적인 게 아니다. 기상에 관해서는 단기 예보만 할 수 있다고 말하는 것은 기상 사건이 어느 정도 혼돈(카오스)의 성격을 지녀 그런 조건의 영향을 받기 때문이다. 여기에서 '카오스'라는 말은 애초의 작은 변화가 사건 발생의 경로를 거쳐 결과에 도달할 때에는 훨씬 더 큰 차이를 일으킬 수 있음을 의미할 뿐이다. 이것이 특정 환경에 놓인 카오스 시스템에 대해 예측할 수 없다는 의미는 아니다. 한발 더 나아간 사례로는, 기체의 거동을 볼 때 미시적으로는 카오스 현상이 있지만 동시에 거시적으로는 물리법칙에 순응하는 현상이 나타난다는 점을 들 수 있다. 기체운동 이론을 따라, 개별 분자는 혼돈적인, 거의 예측하기 어려운 운동 경로를 거치지만, 압력 · 부피 · 온도의 외부 조건은 잘 정의된 값을 취하고 있으며 이 조건은 서로 엄격한 물리법칙을 통해 서로 연계되어 있다.

기후학에도 이와 비슷한 법칙과 연계성이 있다. 그래서 경계조건이 예측 가능한 방식으로 변할 때에는 장기간의 전개 과정을 서술하는 것도 가능해진다. 개별 사건의 발생을 예측할 수는 없다 해도, 수학 방정식의 형태를 취한 여러 물리법칙 덕분에 태풍의 미래 빈도 같은 기상 현상의 통계에 관해서는 얘기할 수 있다. 이는 6이라는 숫자 쪽에 무게중심을 둔 사기 주사위 게임과도 비슷하다. 우리는 6이 좀 더 자주 나타날 것임을 알지만, 다음번 주사위를 던질 때 실제로 어떤 숫자가 나올지는 알지 못한다.(제3장의 「기후의 예측 가능성」 참조)

온실효과 같은 것은 없다

회의론의 다른 논증은 자연적인 온실효과에 관한 것인데, 이들은 온실효과의 존재 자체를 부정한다. 에너지는 차가운 물체에서 뜨거운 물체 쪽으로 흐르는 법이 결코 없기에 온실효과 테제는 열역학의 제2기본공리를 위배한다는 주장이다. 게다가 지구는 '닫힌 계'가 아니며 하늘에 온실의 유리 천정 같은 게 존재할 리 없다는 단순한 사실로 보더라도 온실효과 가설이 틀렸음이 분명하다고 주장한다. 사실 온실효과는 교과서적 지식이다. 이는 오래전의 이론으로, 또 실험으로 입증된 바 있다. 그러니 지금 여기에서 문제가 되는 것은 유리 천정이 존재하느냐 아니냐가 아니라 대기 중 미량기체들이 적외선(장파장) 복사를 흡수하느냐 아니냐이다.

온실효과가 실제 존재하며 작동한다는 것은 양지에 주차한 차량 안에 들어가 본 적이 있는 사람이면 누구나 안다. 차 밖보다는 안이 더 덥다. 열이 밖으로 빠져나가지 않는다는 것인데, 이는 열역학의 제2기본공리로 따지면 가능하지 않아야 한다. 하지만 실제의 과정은 가시광선(단파장) 형태의 에너지가 차량 창문을 통과해 강하게 가해지면서 일어난다. 빛이 변환해 생성된 열이 유리를 뚫고 밖으로 나갈 수 없기 때문에, 이렇게 가해진 에너지는 평형 분포를 이루지 못해 차량 안이 더 덥게 된다. 에너지의 충당이 끝나면, 당연히 평형은 점차 복원된다. 대기에서는 온실가스가 유리창 구실을 하는데, 그것이 (열)에너지의 이동을 방해한다. 흡수된 (빛)에너지와 방출되는 열 사이에 평형을 이루고자 복사 작용을 하는 지표면은 더 높은 온도를 지닐 수밖에 없다. 전체적으로 볼 때, 그리고 열역학의 제2기본공리를 적용해 볼 때, 순에너지는 더 더운 지구 표면에서 더 차가운 대기 쪽으로 흐른다. 지구 표면의 열복사가 대기의 역복사back-radiation보다 더 크기 때문이다. 그러므로 제2기본공리에는 의문이

제기되지 않는다.

간혹 일부 회의론은 온실효과에 대해 인간이 기여한 몫이 2퍼센트 가량일 뿐이며, 그러므로 인간은 지구 온난화와 관련이 없다는 논증을 내세운다. 이 수치는 정확하지만, 전체 온실효과(섭씨 33도)의 2퍼센트는 대략 섭씨 0.6도에 해당하며, 이는 지난 100년 동안 지구 온난화에 관여한 인간의 몫과 거의 같다.

기후 과학자들의 예측은 계속해서 하향 수정되고 있다

회의론은 기후 과학자들이 예측한 온도가 언제나 너무 높은 것으로 판명되어 왔다고 주장한다. 사실과는 너무 거리가 있어, 마치 전혀 다른 사과와 오렌지를 비교한다는 인상을 준다. 최초의 IPCC 보고서(1990)는 이산화탄소 농도가 2배가 되면 지구 기온이 섭씨 1.5~4.5도 상승할 것이라고 보고했다. 이렇게 예측의 폭이 넓은 것은 서로 다른 기후 모형이 되먹임 과정들(특히 물 순환과 구름 생성 과정의 되먹임 과정들)을 다양하게 재현했기 때문이었다. 이른바 '기후 민감도'■(이산화탄소가 2배 될 때의 온도 변화)의 이런 예측 범위는 오늘날에도 변화되지 않은 채 유지된다.

그 뒤 1995년, 2001년, 2007년에 IPCC는 21세기 말 무렵에 나타날 잠재적인 온도 상승에 관해 진술했다. 그렇지만 이때의 진술에 관련된 문제는 완전히 다른 성격을 띤다. 온도 상승은 온실가스 배출의 추세, 즉 해당 시기의 인간 행위에 따라 좌우되기 때문에 이에 상응해 온도 예측의 범위도 넓어졌다. 두 번째 IPCC 보고서(1995)

에서는, 2100년의 온도 상승 폭을 섭씨 1.5~3.5도로 제시했다. 세 번째 평가보고서(2001)에서 그 범위는 섭씨 1.4~5.8도로, 최근인 2007년 평가보고서에서는 섭씨 1.1~6.4도로 추정했다. 두 번째 보고서의 온도는 수치로만 보면 첫 번째 보고서에 비해 더 낮다. 이 때문에 일부 독자들은 이를 최초 보고서에서 제기된 경고를 거두는 분명한 신호로 해석했다. 하지만 이 경우에 기후 모형에서 만들어지는 기후 민감도는 2100년의 잠재적 기온 변화, 즉 계산된 시나리오들을 비교해서 이뤄진 결과이다. 즉 거기에는 근본적으로 성격이 다른 두 가지 변수가 있다. 그렇기에 지구 온난화 예측이 하향 수정되어 왔다는 증거가 되는 것은 결코 아니다. 사실 기후 모형이 점점 더 많은 물리 과정을 다루고 있는데도, 기후 모형의 기후 민감도는 지난 20년 동안에 거의 변하지 않았다. 예를 들어 2007년 IPCC 보고서는 섭씨 3도의 기후 민감도를 최선의 평가로 내놓았다. 이런 식으로 어떤 종류의 진술이 진전되고 있는지 정확하게 확증하는 일이 중요하다. 기후의 미래는 어떤 시나리오를 취하느냐에 따라, 즉 온실가스 배출이 미래에 어떻게 전개되느냐에 따라 좌우된다. 2007년 IPCC 평가보고서에서, 2100년 섭씨 1.1~6.4도 상승이라는 넓은 범위를 제시한 것은 무엇보다 우리가 미래에 어떤 행동을 취할지 지금 알지 못함을 보여준다. 만일 우리가 온실가스 배출을 강력하게 줄인다면 온난화는 적당한 수준에서 이루어질 것이다. 온실가스 배출이 계속 증가한다면 온난화는 강렬해질 것이다.

온난화는 좋은 것이다

기온이 약간만 상승한다면 중위도 지역의 농업과 삼림에는 더 좋은 조건이 될 수 있다. 여기에서 중요한 것은 미래에 강수는 어떤 영향을 받을 것이냐 하는 점이다. 온도 상승은 중요한 문제를 초래할 수 있는데, 더운 나라(예컨대 지중해 지역)에서는 지금도 가뭄이 잦아지고 있으며, 북극에서는 영구동토층이 녹아내리려 해서 이 지역의 기반시설(건물, 도로, 수송관 등)이 심각한 문제에 직면하고 있다. 지난 20여 년 동안 크나큰 재해를 일으킨 허리케인 같은 열대 사이클론은 다시 강해질 수도 있다. 세계 곳곳에서 열대 사이클론이 강해진 것은 열대 바다가 고작 섭씨 10분의 몇 도 정도 더 따뜻해서 생긴 결과일 수 있다.

유럽이 놓인 위도에서도 적당한 온도 상승조차 빙하 녹음, 생물종의 이주, 열 스트레스heat stress, 가뭄의 장기화, 빈번한 집중호우 같은 부정적인 후속 결과와 연관되어 있다. 예컨대, 호우의 빈도는 대부분 유럽의 육상 지역에서 이미 지난 100년 동안 증가해 왔다. 모든 지표를 보면, 대응조처가 없을 때 우리가 직면할 온도 상승은 적당한 수준이 아니라 상당한 수준에 이를 것이며, 극단의 사건들이 눈에 띄게 증가하는 현상과 연계될 가능성도 있는 것으로 나타난다. 기후 모형의 모든 계산에 따르면, 인간이 일으킨 기후 변화의 부정적인 결과는 긍정적인 효과를 능가할 것이며, 그래서 지구가 너무 더워지는 것을 막는 일이 중요해진다. 특별히 여기에서 중요하게 얘기해야 할 것이 해수면의 상승인데, 그 상승 폭이 2100년에는 충분히 1미터에 이를 수 있다. 다음 1000년 동안에 해수면은 몇 미터나 상승할 수 있다.

우리는 이미 다음 빙하기로 가고 있는 중이다

이 주장은 지구 기후를 지배하는 것은 대기의 화학적 성분 변화가 아니라 지구궤도의 매개변수라는 가정에서 나온 것이다. 이런 매개변수의 변화는 의심할 바 없이 기후 변화의 주요 원인이다. 하지만 유일한 원인은 결코 아니다. 기후 변화는 하나의 원인으로 생기는 사건이 아니다. 여러 요소(궤도 매개변수, 태양복사의 세기, 인간 유래 온실효과, 토지 용도 변경 등)가 함께 작용한다. 그렇지만 이런 요소들이 효과를 내는 데 걸리는 시간 규모는 서로 너무나 다르다. 특히 빙하기와 간빙기의 주기는 수천, 수만 년에 걸쳐 전개된다. 가장 최근 빙하기의 절정은 대략 2만 년 전이었다. 이렇게 빙하기를 일으키는 과정은 오래 걸리며, 그래서 그런 과정이 다음 100년과는 거의 관련이 없게 된다. 이런 점에서 우리는 인간에 의한 지구 기후 변화를 고려할 때에는 그것을 아무 거리낌 없이 무시할 수 있다.

고기후학 분야, 특히 해저 바닥에서 얻은 시료(퇴적층 시추 시료)와 남극의 얼음 시추 시료를 분석해 얻은 여러 발견으로 인해, 이제는 지구궤도 변화가 빙하기-간빙기 주기에 대한 주요 속도 조절 요인임이 확실하다고 여겨진다. 이 궤도 매개변수는 대략 2만 년, 4만 년, 10만 년 지속되는 주기로 변한다.(제3장의 「빙하기 주기」 참조) 주기들이 부분 중복되기 때문에, 예상되는 다음 빙하기의 절정 시기에서 지금 우리가 대략 5만 년 정도 떨어져 있음을 계산해 낼 수 있다. 반면 인간이 배출한 온실가스에 바탕을 둔 기후 변화는 상당히 짧은 시간 틀 안에서, 즉 50년 내지 100년의 틀 안에서, 훨씬 더 빠른 속도로 일어날 것이다. 그러므로 우리 인간이 일으키는 지구 온난화가 곧 닥칠 빙하기에 의해 상쇄될 수 있다는 희망은 환상일 뿐이다.

태양이 기후에 영향을 끼치고, 우리 인간은 죄가 없다

태양은 지구 기후 시스템에 에너지를 제공하는 유일한 에너지 공급원이다. 그러므로 태양복사 세기의 변화, 즉 에너지 유입량의 변화가 기후에 직접적인 영향을 끼친다는 것은 당연한 사실이다. 태양복사는 우리가 과거에 생각했던 것처럼 늘 일정하지는 않다. 태양흑점 수가 대략 11년 주기로 요동한다는 것은 이미 오래전에 알려졌다. 태양복사 세기도 이 주기와 연관되어 있다. 구체적인 주기의 지속기간(8~17년)은 복사 세기가 어느 정도인지 보여주는 측정값으로도 쓰일 수 있다. 1970년대 말 이후에는 인공위성으로 태양복사의 직접 관측이 가능해졌다. 이런 관측 결과를 보면, 태양흑점 주기 동안에 태양복사의 최댓값과 최솟값 사이의 차이는 복사 세기의 0.1퍼센트 정도에 불과한 것으로 나타났는데, 이는 지표면 기후에 눈에 띄는 영향을 주기에는 너무 적은 양이다.(제5장의 「기후 변화는 누구 탓인가」 참조) 지금까지 추가적인 증가나 감소 추세는 분명하게 나타나지 않고 있다.

또 다른 증폭의 메커니즘이 종종 제시되었는데, 태양복사가 구름층cloud cover에 간접 영향을 끼친다는 것이다. 태양이 강렬하게 빛날수록 행성간 자기장interplanetary magnetic field: IMF은 더 뚜렷해진다. 이 자기장은 우주 복사를 비끼게 하는 구실을 해, 우주 복사가 지구 대기까지 도달하는 것을 막는다. 그런데 일부 회의론자들은 여기에서 우주 복사가 대기에 쏟아지면 응결핵을 생성시키고 구름의 형성을 촉진한다고 주장한다. 이들 구름이 그늘을 만들 테니 온도는 낮아질 것이라는 것이다. 결국에 태양복사 활동이 높아지면 우주 복사가 덜 유입되어 구름의 양은 적어지고 상대적으로 높은 온도가 초래된다는 것이다. 이런 주장은 연역적으로는 그럴듯해 보이지만 이런 과정이 구름의 형성에 관여하는 여러 다른 과정에 비해 얼마나 중요한지는 명확하지 않다. 특히 오늘날의 기상학 지식으로 보면, 응결핵이 있다고 해서 반드시 구름 형성의 촉발 요인이 되는 것은 아니다. 응결핵이 많아질수록 많은 구름이 만들어질지 아닐지에 대해 확실한 결론을 내릴 수 없다. 왜냐하면 어떤 경우에도 응결핵은 충분한 수로 존재하고 있기 때문이다. 더 깊은 의문은 이런 과정이 낮게 뜨는 적운(뭉게구름)을 형성해 냉각 효과를 일으킬지, 아니면 높게 뜨는 권운(새털구름)■을 만들어내 온실효과에 기여함으로써 온난화를 유발할지(특히 밤에) 모른다는 것이다.

태양의 영향설을 뒷받침하는 제1의 요인은 1850~1980년 지구 평균온도와 (복사 세기의 측정값인) 태양주기의 길이 사이에 기록된 높은 상관성, 그리고 1984~1993년 우주 복사 세기와 구름의 양 사이에 기록된 높은 상관성이다. 그렇지만 태양주기 기간과 온도 사이의 상관성은 인정하기 힘든 데이터의 통계 처리에서 나온 것이며, 그래서 애초에 제안자가 철회했다. 이와는 대조적으로, 우주 복사와 구름 양 사이에 입증된 상관성은 이후에 시간이 지나며 확증되지 못했기 때문에 우연의 일치라는 성격을 띠는 게 분명하다. 더욱이 지난 20년 동안에 우주 복사는 떨어졌지만 온도는 많이 올랐다.

현존하는 상관성이 원인과 결과의 관계를 보여주는 충분한 증거가 되지 않는다는 점은 지금 여기에서 언급할 만한 가치가 있다. 그 상관성을 거슬러 추적하면 제3의 요인과 원인을 공유하고 있을 수 있으며, 또는 완전히 우연의 일치일 수도 있다. 가장 잘 알려진 사례는 출생률과 황새 수 사이의 상관성이다.(독일에는 황새가 갓난아기를 가져다준다는 전설이 있다.) 그렇기 때문에 비교적 높은 상관성 같은 어떤 통계적 연계를 주장하려면 발견된 통계적 관계를 설명할 수 있는, 누구나 이해할 수 있는 물리적 이론이 이를 뒷받침해야 할 것이다.

널리 알려진 회의론의 다른 주장은, 비록 그 과정이 수십만 년에 걸쳐 일어나기는 하지만 변동하는 우주 복사가 지구 기후 변화의 진짜 원인이라는 것이다. 문제의 논문이 기상학적인 결점을 지녀 폭넓은 비판을 받을 수 있다는 사실은 일단 미루어두자. 그런 논증이 진실이라 해도 다가올 수십 년 내지 수백 년의 기후 전개와는 무관할 것이다. 여기에서 우리는 자주 등장하는 논증의 유형을 보게 된다. 즉 극히 오랜 시간 규모에서 작동하며, 그래서 인간 유래의 기후 변화가 일어나는 짧은 시간 규모에는 아무 의미도 없는 과정을 논쟁에

끌어들이는 관행인데, 이는 받아들이기 힘든 것이다.

앞에서 얘기한 증폭의 메커니즘이 유효하다 하더라도, 최근 25년 동안 태양복사 세기를 관측한 결과를 볼 때 어떤 지속적인 추세는 기대하기 어려울 것이다. 태양복사에서 드러나는 유일한 패턴은 주기적인 시소를 닮았다. 그렇지만 현실에서 우리는 지난 25년 동안 10년마다 대략 0.2도의 기온 상승을 경험해 왔다. 이것은 매우 뚜렷하게 지속되는 온난화의 추세를 보여준다.(제5장의 「기후 변화는 누구 탓인가」 참조) 이런 추세를 뛰어넘는 어떤 식의 11년 주기도 지표 근처에서 인식할 수 없다. 그러므로 그런 주기가 하층 대기의 기후에 끼치는 영향은 최소의 것임이 분명하다. 태양 요동이 상층 대기(예컨대 성층권)에 끼치는 영향은 상당한 정도일 수 있으며 종종 태양복사 변화가 지니는 기후 효과의 증거로 제시된다. 그렇지만 상층 대기와 지표면은 구분해야 한다. 인간 유래 온실효과에 관한 논의는 주로 지표면과 하층 대기의 온난화를 다루는데, 분명한 것은 지표면과 하층 대기는 최근 수십 년 동안에 나타난 태양복사 요동의 영향을 거의 받지 않았다는 점이다.

그렇다고 태양이 지난 시기에, 장기적인 시간의 틀에서 기후 조건에 결코 영향을 끼치지 않았음을 뜻하는 것은 아니다. 예컨대 '몬더 극소기 Maunder Minimum(1650~1710)로 알려진 시기에는 매우 적은 수의 태양흑점이 출현했으며 당시 기온은 매우 낮았다. 이 때문에 이 시기는 소빙하기 Little Ice Age로 불린다. 소빙하기의 기후와 태양 활동이 서로 연계되어 있음은 기후 모형 시뮬레이션에서 확인되어 왔다. 하지만 지난 25년에 대한 통계 분석과 모형 계산은 기온 상승의 원인으로 인간 유래 온실효과가 매우 강하게 지배적이었음을 보여준다. 온실가스 농도의 급속한 상승을 고려하지 않고서 최근 수십 년의 강한 온난화 현상을 설명할 수 있는 과학 연구물은 지금까지 제출된 바 없다.

온실효과에는 수증기가 중요하게 기여한다

수증기가 자연적 온실효과에 가장 크게 기여한다는 데에는 의문의 여지가 없다. 자연적 온실효과의 3분의 2가량이 이 온실가스에서 비롯한다고 말할 수 있다. 이를 바탕으로 회의론자들은 인간 유래 온실효과에서 이산화탄소보다 수증기가 더 큰 역할을 한다는 결론으로 나아가곤 한다. 먼저 자연적 온실효과와 인간 유래 온실효과는 구분해야 한다. 자연적 온실효과에서는 수증기가 가장 중요한 기체이지만, 인간 유래 온실효과에서는 이산화탄소가 60퍼센트가량의 몫으로 가장 큰 역할을 한다.

지상의 수증기 배출은 인간 유래 온실효과에 실제적인 영향을 끼치지는 않는다. 수증기의 대기 중 농도가 증가해도 오래 지속되지 않기 때문이다. 이산화탄소는 대략 100년 동안 대기에 머물지만(표 1 참조), 수증기는 일반적으로 며칠 만에 빗물로 땅에 떨어진다. 물론 수증기 함량의 지속적인 증가도 일어날 수 있다. 한편에서는 지구 기온이 상승해 증발량이 늘어나고, 다른 한편에서는 수증기를 받아들이는 대기의 잠재 용량이 커질 때에는 그럴 수 있다. 대기가 더 따뜻해지면, 불균형적으로 더 많은 수증기가 응결 전까지 대기에 머물 수 있다. 이런 환경은 이른바 '클라우지우스-클라페롱 방정식' Clausius-Clapeyron equation으로 설명된다. 그러므로 수증기는 중요한 되먹임 기체이고, 양의 수증기 되먹임은 여러 되먹임 과정 중에서 가장 큰 효과를 발휘한다. 예를 들어 이산화탄소 농도 증가에 의한 온난화는 대기에 더 많은 수증기를 만들고, 이는 온실효과를 더 증폭시킨다. 이와 반대되는 일부 언론 보도도 있지만, 수증기는 당연히 모형 계산에서 다루어지며 이산화탄소 농도 증가에 대한 반응으로 일어나는 전체 기온 상승의 결과에 수증기는 상당한 정도의 몫을 하고 있다.

이산화탄소가 기후 변화의 촉매일 리 없다. 기후의 역사를 보면 다른 얘기가 나온다

지난 80만 년에 걸친 평균온도와 대기 중 이산화탄소 함량의 추세를 비교해 보면, 둘 사이에는 간과할 수 없을 정도로 높은 상응성(평행성)이 나타난다.(그림 8 참조) 이로부터 과거의 기후 사건이 이산화탄소에 의해 추동되었다는 별개의 결론이 (받아들여지지 않은 채) 예전에 제시되었다. 현실에서는 두 변수들이 서로 인과적인 영향을 끼치는지, 제3의 변수가 둘을 지배하는지, 아니면 상응성이 순전히 우연의 일치인지가 즉시 가려지지 않는다.

그림 8에서 이런 추세를 정밀하게 분석해 보면, 24만 년 전 북극 온도의 높은 수치가 이산화탄소 농도의 높은 수치보다 대략 800년

정도 더 일찍 출현했음을 알 수 있다. 이런 장기적 경로는 기온 변화가 먼저 나타났고 이것이 주로 지구궤도 매개변수의 변화에서 기인했음을 보여준다. 이때 기온 상승이 바다 수온 상승을 일으키고 거기에 녹아 있던 이산화탄소의 방출을 초래한다. 바이오매스(생물 총량)의 분해 과정은 바이오매스가 조성될 때보다 더 강하게 기온 변화에 반응할 수 있다. 이런 과정을 거쳐 상승한 온도는 결국 대기 중 이산화탄소 함유량의 상승을 초래하며, 나아가 온실효과를 증폭시킨다. 여기에서 관찰되는 현상은 수증기 되먹임과 마찬가지로 양의 되먹임 메커니즘이다. 다른 되먹임 효과와 마찬가지로, 이것들도 지구궤도 매개변수의 변화로 일어난 비교적 작은 기후 변동을 아주 강렬하게 증폭시킴으로써 빙하기와 간빙기 같은 거대한 기후 진동이 초래된다. 지금의 상황은 완전히 다른 것이다. 지구궤도의 매개변수는 매우 긴 시간 규모에서 변하기 때문에 사실상 변함이 없는 것으로 여길 수 있다. 이산화탄소가 인간에 의해 대기로 배출되며 증강된 온실효과를 거쳐 지구 온난화로 이어진다. 탄소 순환에 나타나는 여러 변화가 연합해 초기의 온난화는 더 증폭될 것이다. 물리학과 생물지구화학 간에 상호작용이 커지면서, 짝을 이룬 기후 · 탄소 순환 모형은 이제 인간의 온실가스 배출이 기후에 끼치는 영향을 계산하는 데 널리 쓰이고 있다.

화석 매장량이 충분하지 않기 때문에 이산화탄소 농도는 2배가 될 수 없다

이 주장이 오늘날까지 확보된 화석 매장량을 말하는 것이라면 어느 정도 타당할 수 있다. 왜냐하면 그 매장량을 다 태우면 이산화탄소 대기 중 농도는 산업화 이전의 280피피엠에 견주어 2배로 상승하겠지만, 절반만이 대기에 남고(제2장의 「지구적 탄소 균형」 참조), 나머지 절반은 바다와 지상 생물권에 흡수되기 때문이다. 그러므로 오늘날 우리가 쓸 수 있는 연료를 다 태워도 이산화탄소의 대기 중 함유량을 2배로 만들 수는 없다.

하지만 쓸 수 있는 화석연료의 실제 양은 지금 순간에 확보된 매장량보다 훨씬 더 많음을 알아야 한다.(제8장 「행동을 위한 선택들」 참조, 그림 29) 예를 들어 석탄의 경우, 새로운 탐사와 채굴 기술 덕분에 쓸 수 있는 양은 현재보다 10배가량 늘어날 것으로 예상된다. 기술의 진보로 이런 수치는 계속 상향 조정되어 왔으며 앞으로도 그럴 것이다. 게다가 메탄하이드레이트(메탄과 물로 이루어진 얼음 같은 신에너지 자원) 같은 새로 추가된 화석연료도 있다. 이것은 저온과 고압에서만 안정적인데 해저 바닥과 영구동토층에서 발견된다. 그러므로 장기적으로 보면 눈에 띄게 더 많은 양의 화석연료가 등장할 것으로 기대된다. 얼마나 많은 메탄하이드레이트가 지구에 있는지는 논쟁거리이다. 자주 인용되는 추정치를 보면 매장량은 10조 톤 탄소에 달하는데, 이는 전 세계 석탄, 가스, 원유 매장량의 2배가 되는 수치이다. 이 정도 매장량은 대기 중 이산화탄소의 함유량을 2배 이상 높이기에 충분한 양이다. 이판암 오일, 초중질유, 중유 같은 다른 새로운 자원도 있다. 그러므로 다음 세기 안에 4,000피피엠에 육박하는 이산화탄소 농도가 출현하는 것도 전적으로 가능한 일이다.

인간이 일으키는 온실효과 중에서 60퍼센트만이 이산화탄소에서 기인한 것이라는 사실도 명심해야 한다. 아무런 대응책이 없다면, 다른 온실가스까지 고려할 때 '등가의' 이산화탄소는 금세기 중반 이전에 충분히 2배가 될 수 있다. 게다가 이산화탄소 농도가 상승하고 온난화가 예상되는 가운데, 앞으로도 지금 수준으로 이산화탄소가 바다와 식물에 의해 회수될 수 있을지 예측하기는 어렵다. 온도는 상승하고 열 스트레스가 강해지면서, 지금까지 이산화탄소 저장소로서 역할을 해온 생물권이 새로운 이산화탄소 방출원이 될 수도 있다. 더욱이 이산화탄소를 흡수하는 바다의 상대적 용량이 미래에는 줄어들 것이라는 예측도 일반적으로 받아들여지고 있다.(제6장의 「바다의 산성화」 참조)

이산화탄소는 주로 바다나 화산에서 나온다

산업화 이전 시대 이후로 이산화탄소의 연간 증가(연평균 1.5피피엠, 상당한 변동 폭이 있으며 현재 증가율은 연간 2피피엠)와 농도의 추세는 잘 알려져 있어 이제는 논쟁의 여지가 없다. 그런데 이 이산화탄소의 대부분이 바다에서 나온다고 주장하는 별개의 논증이 들린다. (마치 데워진 탄산수에서 나오듯이) 이산화탄소가 (자연적) 온난화의 결과로 바다에서 방출된다는 것이다. 이런 주장이 유효한지는 해수면 위의 이산화탄소 함량을 측정하고, 이와 동시에 바닷물에 녹아 있는 이산화탄소의 양을 측정함으로써 실험적으로 검증할 수 있다. 그렇게 해보면 바다에 녹아 있는 이산화탄소의 양은 일반적으로 대기에 함유된 이산화탄소보다는 적다. 그러므로 바다의 이산화탄소 함량으로 보면 지구 바다의 대부분은 '덜 포화되어 있는' 것이다. 그래서 이산화탄소는 균형을 맞추려고 대기에서 바다로 눈에 띄게 이동한다. 이런 점에서 바다는 대체로 이산화탄소 저장소 구실을 한다. 또한 이런 사실은 탄소 동위원소 측정에서도 확인할 수 있다. 이런 종류의 측정값 덕분에 우리는 자연에서 생성된(생물 기원의) 이산화탄소와 화석연료(석탄 · 원유 · 천연가스)를 태워 생성되는 이산화탄소를 구분할 수 있다. 탄소 동위원소 측정은 대기 중 이산화탄소의 증가가 화석연료 연소에서 유래했으며 바다에서 방출된 기체 때문이 아님을 확인해 준다. 더욱이 바다가 점차 산성화하는 현상을 관찰할 수 있는데(제6장의 「미래는 어떻게 될 것인가」 참조), 이는 바다가 이산화탄소를 흡수하고 있음을 보여주는 확실한 증거이다. 장기적으로 보면 산성화는 바다 생물에 심각한 영향을 줄 수 있다. 세계 전반의 이산화탄소 배출이 미래에도 지속적으로 증가한다면, 바다의 pH 수치는 적어도 2000만 년 동안 경험하지 못했던 수치에 도달할지 모를 진짜 위험에 처하게 된다.

오늘날 활용 가능한 측정값을 보면, 상대적으로 최소의 이산화탄소 배출이 화산에서 나온다. 최근에는 화산에서 분출되는 그 양이 상당할 정도로 더 크며 이산화탄소가 주로 화산 지대의 암석에서도 배출된다고 주장하는 목소리들이 있다. 그들은 그런 이산화탄소의 양이 해마다 대략 6억 톤에 달한다고 주장하는데, 이 정도는 오늘날 인간에 의한 배출량의 대략 2퍼센트에 해당하는 수준이다. 이 수치가 맞다 해도(그 양을 오늘날의 측정 기술로 입증하기는 어렵다.) 이는 인간 유래 배출량에는 아무런 영향을 주지 못할 것이다. 비교적 잘 밝혀진 인간 유래의 거대한 배출량은 제대로 밝혀지지 않은 최소량의 자연적 배출이 섞여 있어 그만큼 더 늘어난 것일 수 있다. 그러나 대기 중 이산화탄소 농도가 산업화 이전 800년 동안에 비교적 일정했다는 단순한 근거에서 볼 때에도 화산과 암석에서 방출되는 이산화탄소 배출이 높은 비율을 차지한다는 주장은 받아들이기 힘들다. 화산활동이 이산화탄소 배출의 주요 원인이었다면, 농도는 그 시기에도 강하게 요동했어야 한다.

이산화탄소가 더 많아져도 기후에는 영향을 끼치지 않는다

대기에 유입되는 여분의 이산화탄소가 기후와는 아무런 연관성이 없다는 주장이 종종 제기된다. 핵심적인 흡수 대역은 이미 포화되었기 때문이라는 것이다. 스펙트럼의 일부 영역(특히, 4.5~14.7마이크로미터) 파장에 있는 흡수 대역의 중앙 영역을 말한다면 이런 논증은 타당하다. 그러나 모든 영역에 대해서는 타당한 주장이 아니며, 흡수 대역의 양옆에 있는 대역에 대해서는 특히 타당하지 않다. 이런 상황은 다음과 같은 의미를 던진다. 비록 높은 포화 상태 때문에 (포화되지 않은 적외선 대역에서) 충분한 흡수 능력을 지닌 물질과 비교하면 이산화탄소가 지구 온난화에 끼치는 영향이 그것보다 훨씬 더 작을 수는 있어도, 이산화탄소는 여전히 기후에 영향을 끼치고 있다. 이산화탄소의 중요성은 배출되는 방대한 규모 때문에 생기는 것이다. 이산화탄소는 주로 흡수 대역의 양옆에 있는 대역에서 효과를 내기 때문에, 기후에 대한 이산화탄소의 영향은 이산화탄소 농도의 로그함수 정도로만 증가한다. 하지만 이산화탄소 농도는 지수함수적으로 상승하고 있기 때문에 온도 상승은 시간이 흐르면서 어느 정도는 선형적이 되며, 이는 또한 기후 모형에서도 입증되고 있는 바이다. 게다가 수증기 되먹임과 다른 양의 되먹임 메커니즘으로 인해 순수한 이산화탄소 효과와 다른 온실가스 효과는 증폭된다.

온도에 대한 위성 측정값과 지상 측정값 사이에는 불일치가 존재한다

오랫동안 회의론자들은 지상 측정소와 위성 데이터 사이에 모순이 존재한다고 주장해 왔다. 지상 측정소의 기록은 지난 100년 동안 지구 평균온도가 거의 섭씨 0.8도 상승했음을 보여주지만, 위성 데이터는 최근 25년 동안만을 측정해 온도의 추세를 보여주지 못하고 심지어 소폭의 온도 하락조차 나타난다는 것이다. 그러나 여러 다양한 방법(지상과 선상 측정은 대기 온도를 직접 기록하지만 위성은 지표면과 대기에서 방출되는 장파장의 복사를 통해 온도를 간접 측정한다.)을 이용해 얻은 이들 기록은 제한적인 범위에서만 비교할 수 있다. 두 가지 계열의 측정값에 나타나는 아주 다른 시간 차원에 대해서는 참조표준reference이 만들어져 있다. 이는 지상 데이터 수집의 경험이 훨씬 더 크며, 측정 기술의 발전과 표준화가 위성 측정에 비해 훨씬 더 진보했음을 뜻한다. 예를 들어 위성 측정에서는 매우 다른 측정 장치와 절차들이 사용되었고, 또 여전히 사용되고 있다. 서로 다른 위성에서 나온 데이터를 결합할 때 특히나 어려움이 큰데, 각각의 위성에는 상당한 격차가 존재해 추세를 검출하기는 사실상 불가능하기 때문이다. 관측되는 변수에 나타나는 차이도 중요한 문제이다. 즉 지상 측정은 고도 2미터에서 이루어지는 '점 측정'인 데 비해, 위에서 내려다보는 위성은 수직 평균온도를 기록한다. 이런 수직 평균온도에는 아주 낮은 대류권 고도 6킬로미터(이 고도 영역에서 기온은 섭씨 30도를 넘는 대역폭으로 확장할 수 있다)의 몫이 가장 크게 기여한다. 이런 이유 때문에 오래 지속되는 지표면의 온도 추세에 관해 말하려면 당연히 위성 자료보다는 직접 측정값이 더 적절하다. 더욱이 생물과 무생물 자연에 끼치는 영향에 관해서는 지상 기온이 결정적이다.

기후 모형이 해마다 위성 고도가 1.2킬로미터씩 떨어지는 것을 고려하지 않아 위성 자료가 부정확하게 조정되어 있었음이 밝혀진 바 있다. 위성의 고도 저하는 측정 결과에 영향을 끼친다. 수정된 이후의 위성 자료들은 소폭 상승(10년마다 대략 섭씨 0.05도)의 추세를 보여준다. 최근 한 연구논문이 발표됨으로써 모순은 완전히 해소되었다. 그 논문은 같은 위성 자료를 쓰고 다른 통계 방법을 써서 직접 기온 측정과 사실상 동일한 기온 추세를 보여주었다. IPCC는 2007년 보고서에서 이렇게 진술한다. "저대류권와 중대류권의 기온에 대한 기구 측정값과 위성 측정값을 새롭게 분석해 보니 지표면 온도 기록의 온난화 비율과 비슷한 온난화 비율이 나타났으며, 그것은 각자의 불확실성 안에서 일관성을 보여준다."

전반적으로 회의론의 공통적 주장은 허점을 지니고 있다. 국제 기후 연구에서 인간이 점점 더 크게 기후에 영향을 끼치고 있다는 데 강한 합의를 이룰 수 있는 것도 이 때문이다. 다음은 명백한 사실들이다.

1. 온실가스 농도는 인간 활동의 결과로 크게 증가하고 있다. 예컨대 이산화탄소의 대기 중 함량이 지난 80만 년 동안에 오늘날처럼 높았던 적이 없었다.

2. 이로 인해 온실효과가 증폭하고 지구 온난화가 초래되고 있다. 지난 100년 동안에 관측된 지구 전체의 온난화에서, 상승한 전체 섭씨 0.8도 중 약 0.6도는 인간에서 유래한 것이다. 지구 온난화의 작은 부분인 대략 0.2도는 자연에서 유래한 것이다.

3. 지구 온난화는 최근 수십 년 동안 세계 곳곳에서 극한 기상 사건의 증가를 초래했다.

4. 온난화는 지상에서 눈과 얼음으로 덮인 지역을 감소시켰다. 바다의 온난화와 육지 얼음의 해빙은 대략 20센티미터의 해수면 상승을 일으켰다. 온실가스 농도가 지속적으로 상승한다면, 2100년 무렵 지구 자체의 온난화는 인류에게 피할 수 없는 일이 될 것이다.

5. 그 결과로 더 잦은 극한 기상의 출현과 해수면의 추가 상승이 초래될 것이다.

8 무엇을 해야 하는가

교토 의정서

마침내 기후 문제는 지구 차원의 정치 의제에서 우선 과제가 되었다. 1992년 리우데자네이루의 유엔기후변화협약 Framework Convention on Climate Change은 대기의 온실가스 농도를 '기후 변화에 대한 위험한 인간 개입을 막을 만한' 수준으로 안정화한다는 목표를 정했다. 1997년 12월 유엔 기본협약에 서명한 159개 국가는 만장일치로 이른바 교토 의정서 Kyoto Protocol를 받아들였다. 이에 앞서 1995년 서명국들의 제1차 회의가 '베를린 위임 사항' Berlin Mandate으로 요구한 대로, 교토 의정서는 기후협약에 관한 최초의 실행 규약을 정식화했다. 그것은 산업화 국가한테 2008~2012년까지 온실가스 배출을 (1990년의 배출량을 기준으로 삼아) 평균 5.2퍼센트 감축할 것을 의무화했다. 목표의 해를 어떤 한 해로 정하지 않고 2008~

2012년이라는 5년 기간으로 정한 것은 (예컨대 이례적으로 추운 겨울 같은 특별한 기상 상태 때문에 생겨나는) 유별난 기상 요동을 때문이었다. 또한 의무 시행 기간이 길어지면서 탄소 저장과 배출량 거래 같은 요인도 다룰 수 있게 되었다. 이산화탄소가 아닌 다른 온실가스 배출량의 감축 규모는 그 배출량을 이산화탄소로 등가 변환함으로써 계산할 수 있다. 교토 의정서는 1990년 기준으로 세계 이산화탄소 배출량에서 적어도 55퍼센트를 차지하는 최소 55개 서명국이 비준하면 국제법으로서 구속력을 얻게 된다. 2005년 2월 교토 의정서는 러시아가 비준하면서 효력을 얻었다.

유럽연합EU은 평균 8퍼센트까지 배출량을 줄여야 한다. 그러나 유럽연합 안에서 공유하는 부담도 있지만 나라마다 감축 목표는 매우 다르다. 미국은 온실가스 배출을 7퍼센트까지, 일본은 6퍼센트까지 감축하도록 제시했다. 그러나 미국은 지금까지 의정서를 비준하지 않고 있다. 현재 미국은 교토 의정서에 격렬하게 반대하는 목소리를 내고 있다. 러시아는 배출량을 현 상태로 유지만 하면 되고, 노르웨이는 심지어 배출 증가도 허용된 상태이다. 이렇듯 다양한 감축 비율은 서로 다른 분명한 조건 때문에 생긴 결과이지만, 부분적으로는 개별 국가의 협상 기술이 낳은 결과이기도 하다. 중국이나 인도 같은 발전도상국에 대해서는 의무 감축 목표가 정식화되지 않았다.

인간이 세계 기후에 영향을 끼치고 있음이 분명해진 지금, 인류는 교토 의정서를 통해 지구 시스템을 관리하는 첫 번째 단계를 취하고 있는 것이다. 교토 의정서에는 인류에 낯선 네 가지의 새로운 제도가 담겨 있다.

1. 배출량 거래
2. 공동이행 joint implementation
3. 순원천의 계산. 순원천이란 온실가스의 배출과 저장을 다 포함하는데, 종종 '저장량 회계' accounting for sinks로 줄여 말한다.
4. 지속가능한 경제를 위한 '깨끗한 발전 메커니즘'

실천 규약은 앞으로 명시적으로 규정되어야 한다. 예를 들어 정해진 목표 이상으로 배출량을 줄이는 데 성공한 나라한테서 배출권 emission right을 사들여 감축 의무 할당량을 얼마나 상쇄할 수 있는지를 명확히 해야 한다. 새로 조성된 삼림지대에서 얼마나 많은 이산화탄소가 포집되는지, 그래서 화석연료 소비로 인한 배출량에서 얼마를 빼야 하는지 같은 다른 규정도 동의를 얻어야 한다. 처음으로, '부속서 I' 국가들(협약의 부속서 I의 목록에 포함된 산업화 국가들) 사이에는 국제법의 구속력을 지니는 의정서의 일부로서 공동이행제도가 생겨난다. 그러면 예를 들어 독일이 30퍼센트만의 전기 효율성을 지니며 폐열을 이용하지 않는 우크라이나의 낡은 발전소 지역에다가 거의 50퍼센트의 전기 효율성을 지니고 폐열을 이용하는 가스와 증기 터빈 발전소를 건설한다면 어떻게 될까? 결국 얼마나 많은 이산화탄소 '저축'이 발생했나? 이산화탄소 '예금'은 어떻게, 어느 나라에 회계 처리하나? 지속가능한 발전을 위한 이런 메커니즘을 발전도상국에 대한 기술이전 문제에 적용할 때 그 규칙은 훨씬 더 복잡해질 것이다. 그런 경우, 고도로 발전한 국가에 있는 기술혁신의 동기가 여전히 강하게 유지되도록 보장해 주는 것이 중요하다. 새로운 기술이 발전도상국으로 좀 더 빠르게 흘러가고 필수적인 재정 지원도 받게 해야 한다. 기술이전에 필요한 돈의 최소한 일부는 배출거래에서 나올 수 있다. 그러나 이런 규칙은 아직 규정되지 않았다.

기후 연구자들의 관점에서 볼 때 필요한 정도로, 교토 의정서가 기후 보호를 이루어내지는 못할 것이다. 그런 점에서 교토 의정서의 가치는 상징적이다. 게다가 현재 미국은 (에너지와 관련한) 세계 이산화탄소 배출에서 대략 20퍼센트의 책임을 혼자서 지고 있으면서도 교토 의정서를 비준하려 하지 않고 있다. 미국의 수치는 가장 많은 이산화탄소 배출국 목록에서 2위를 기록하고 있다. 중국은 최근에 그 순위에서 1위에 올라섰으나 교토 의정서의 구속력 있는 조처에서 다루어지지 않고 있다. 다음 100년의 심각한 기후 변화를 막기 위해서는 오늘날 배출되는 온실가스의 양은 2050년까지 적어도 절반 수준으로 줄어야 한다. 이는 교토 의정서에서 요구하는 것보다 훨씬 더 큰 규모이다. 그래서 교토 의정서는 첫 번째 발걸음일 뿐이지만, 그래도 온실가스의 지구적 배출을 줄이는 방향으로 나아가는 중요한 발걸음이 될 수 있다.

서명국들의 연례 회의에는 개정의 기회들이 남아 있다. 오존층 보호를 위한 빈 협약에 대한 의무 규칙인 몬트리올 의정서도 그랬다. 애초 1987년 몬트리올 의정서는 오존층 보호 목적으로는 거의 준비

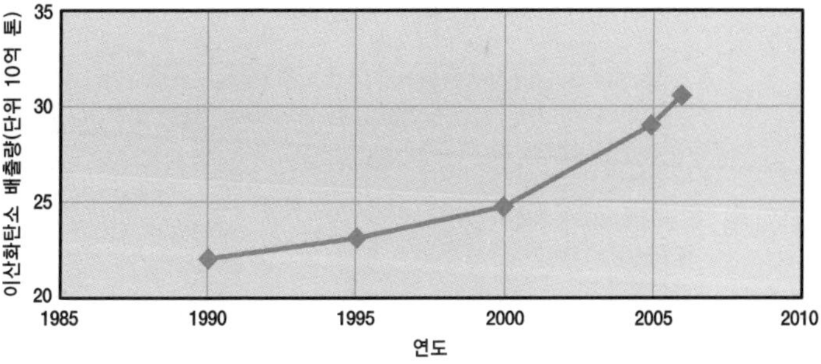

그림 27 에너지와 관련한 이산화탄소의 지구적 배출량 추이(1990~2007)

한 게 없었다. 그래서 팀에 있던 일부 과학자들은 그것을 오존층 '안락사'라고 부르기도 했다. 하지만 의정서는 여러 단계를 거치면서 다듬어졌고 그래서 오늘날 우리는 세계가 마지막 순간에 오존 문제를 풀어냈다고 평가하기도 한다. 그래도 오존 구멍이 다 닫히려면 여전히 수십 년은 걸릴 것이다. 이것은 기후가 얼마나 느리게 반응하는지, 그렇기 때문에 앞을 내다보는 행동이 왜 필요한지 다시 한 번 보여준다.

온실가스 배출

오래 유지되는 온실가스의 배출량과 농도는 지난 수십 년 동안, 특히 제2차 세계대전 이후에 극적으로 증가했다. 우리는 기후에 끼

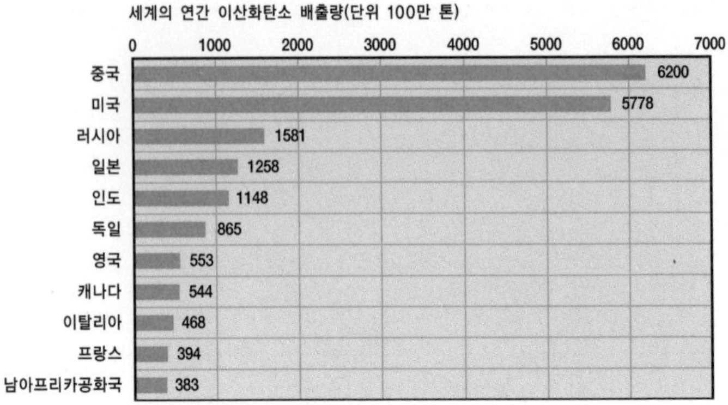

그림 28 에너지 관련 이산화탄소의 국가별 배출량(2007)

치는 인간의 영향을 익히 알고 있지만, 온실가스의 지구적 배출이 줄어들고 있다는 징후는 오늘날에도 없다. 그림 27에 나타나듯이, 리우데자네이루 기후변화협약과 교토 의정서에도 불구하고 이산화탄소의 지구적 배출은 1990년 이래 실제 극적으로 증가했다.

이산화탄소의 (에너지와 관련한) 배출량은 1990년에 대략 22억 톤이었다가 2007년 무렵에는 31억 톤 정도에 이르렀는데, 이는 40퍼센트 증가한 것이다. 특별히 놀라운 점은 배출량이 기하급수로, 사실상 증가율이 가속화하는 모습으로 늘고 있다는 사실이다. 이런 경향은 향후 몇 년 안에 꺾이지 않을 것이며, 그리하여 우리는 지속적으로 이산화탄소 농도의 가파른 증가율을 목도할 것이다. 각국이 분석한 배출량(그림 28)을 잠깐 살펴봐도, 무엇보다 미국과 중국이 40

퍼센트를 차지하면서 다른 모든 나라보다 훨씬 더 많이 배출하고 있음을 알 수 있다.

중국과 인도 같은 문지방국가threshold country들의 놀랄 만한 역동적 경제발전으로 인해 다가오는 수십 년 안에 온실가스 배출에서 눈에 띄는 감축을 이루어내기란 어려울 것이다. 중국의 엄청난 석탄 매장량은 특별한 관심 대상이 된다. 그러나 유럽연합 내에서도 많은 나라들이 이산화탄소 배출을 늘려 왔다. 예컨대 2004년에 스페인과 포르투갈은 1990년과 비교해 40퍼센트 이상의 증가를 보였다. 1990년 이래 50퍼센트가 넘는 강력한 감축이 발트 3국인 에스토니아, 라트비아, 리투아니아에서 이루어졌다. 폴란드, 헝가리, 슬로바키아, 체코 공화국에서는 30퍼센트가량의 상당한 감축이 이루어졌다. 1990년과 2007년 사이에 20퍼센트 감축을 이룬 독일은 이 표에서 중간 순위를 차지했다. 유럽연합 전체가 향후 몇 년 이내에 교토의정서가 요구하는 수준으로 이산화탄소 배출량을 감축하지는 못할 것이다.

행동을 위한 선택들

이런 수치들은 단기간에 온실가스 배출량을 감축하는 일이 굉장히 어려운 일임을 기록으로 보여준다. 따라서 배출량은 꾸준히 증가할 것이며, 온실가스 배출의 지구적 감축을 실현할 수 있다 해도 그 기간이 족히 수십 년은 걸릴 것이라고 생각하는 게 합당하다. 그렇다면 이제는 어찌할 도리가 없는 상황일까? 이런 물음에 답하려면, 기후의 관성이라는 문제를 고려해야 한다. 또한 경제의 관성도 고려해야 한다. 경제에 민감한 영향을 주는 전략이라면, 당연히 심각한 기후 변화와 세계경제의 거대 격동을 막으려는 시도를 해야 한다.

이 대목에서 다음 천년의 시간 지평을 내다보자. 우리는 IPCC가 제안한 두 가지 전형적인 BAU business as usual['지금까지 해온 방식 그대로 진행하다'는 의미—옮긴이] 시나리오를 사용하겠다. 두 시나리오에는 C와 E라는 영문 철자가 붙었다.(그림 29) 짧은 시간 안에 오랜 시간을 시뮬레이션할 수 있는 단순화한 기후 모형에서 이런 시나리오를 동인driver으로 사용하겠다. 모형에서는 모든 가용한 화석 자원이 연소된다고 가정하므로 이산화탄소의 대기 배출량은 증가한다. 첫 번째 시뮬레이션(곡선 C)에서는, 총량으로 4,000기가톤 탄소가 연소된다.(배출량은 탄소 단위로 제시되며 이산화탄소 단위가 아님을 주의하라.) 이 정도 규모는 전통적인 화석연료(석유 · 천연가스 · 석탄)의 저장량으로 추정되는 양과 어느 정도 상응한다. 두 번째 시뮬레이션에서, 배출량 추정값은 1만 5000기가톤 탄소로 훨씬 더 커지는데(곡선 E), 이 시나리오에서는 중유와 셰일유shale oil, 타르 샌드tar sand 같은 신종 연료도 연소된다고 가정하기 때문이다.

이산화탄소 농도는 다음 몇 세기 동안에 시나리오 C의 1,200피피엠과 시나리오 E의 4,000피피엠 사이의 수치까지 상승한다. 즉 산업혁명 이전 수치인 280피피엠보다 몇 배 더 오른다. 두 가지 시뮬레이션은 서기 3000년까지 기후를 모사한다. 이런 계산 결과는 기후

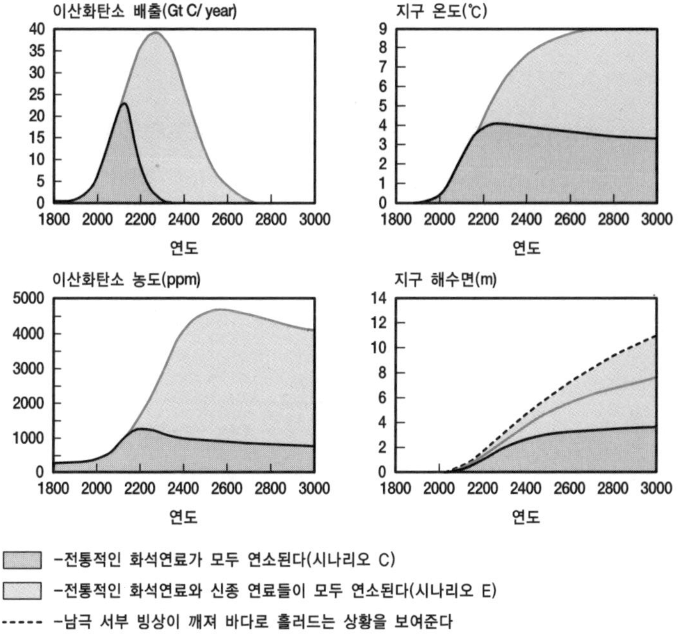

그림 29 두 가지 BAU 시나리오를 가정했을 때 이산화탄소 배출량(Gt C/ year), 이산화탄소 농도(ppm), 지구 기온(℃), 그리고 해수면 수준(m)의 시간별 변화 예측
시나리오 C에서는 전통적인 화석연료가 모두 연소되며, 시나리오 E에서는 이에 더해 신종 연료들도 연소된다. 해수면을 나타내는 그림에서 점선은 남극 서부 빙상이 바다로 흘러들 때의 상황을 보여준다. 대부분의 기후 변화는 이번 1000년의 후반기에 들면서 시작된다. 변화는 모두 산업혁명 이전 수치와 비교해 제시된 것이다.

의 반응에 나타나는 근본 측면을 보여주기 때문에 기후 시스템을 이해하는 데 큰 도움이 된다. 그러나 극단적인 시나리오를 쓰다 보면 기후 모형의 적용 범위를 벗어날 수 있다는 점도 언급할 필요가 있다. 계산 결과에 대해 상세하게 해석할 때에는 늘 주의를 기울여야 한다.

이산화탄소 농도는 시뮬레이션한 전체 1000년 동안에 상대적으로 높게 유지된다. 인간이 2300년 이후에는 더는 이산화탄소를 대기에 배출하지 않아 2300년 무렵에는 배출량이 영(0)으로 떨어진다고 보는 시나리오 C에서도 마찬가지이다. 그렇게 하더라도 서기 3000년에 이산화탄소 농도는 여전히 500피피엠을 크게 웃돌 것이다. 지금 1000년의 말엽에 이산화탄소 농도가 대략 4,000피피엠에 이를 것으로 내다보는 시나리오 E에서는 상황이 훨씬 더 극단적이다. 분명한 점은, 지구 시스템이 인간이 배출한 이산화탄소를 대기에서 제거하는 과정이 아주 느리게 진행된다는 것이다. 지구 온도와 해수면 측면에서 본 기후의 반응도 이런 그림과 비슷하다. 두 가지 시나리오에서 지구 평균온도는 이산화탄소 배출량 감축 이후에도 아주 높은 수준을 유지하며, 온도는 매우 느리게 떨어질 뿐이다. 훨씬 더 극단적인 것은 해수면의 상황이다. 열팽창, 산악빙하의 해빙, 그린란드 빙상의 점진적 해빙이 합쳐져 해수면이 오른다. 그림에서 위쪽에 표시된 점선은 바다로 깨져 들어가는 남극 서부 빙상의 상황을 설명한다.(빙하 분리)■ 이번 1000년의 말엽에도 새로운 평형은 이루어지지 않을 것이다. 해수면은 이번 1000년의 후반기에 특히 강하게 상승해 그 수치가 몇 미터를 넘어설 수 있다. 서기 3000년에도 해수면은 지속적으로 상승한다. 그리하여 아주 많은 세대가 지나며 인류는 엄청나게 상승한 해수면을 보게 될 가능성도 충분히 있다.

기온 상승, 해수면 상승, 가뭄과 홍수 빈도의 변화 같은 기후 변화는 우리 인간과 생태계에 직접적인 영향을 끼친다. 우리는 기후 변화에 적응하거나 우리의 행동 패턴을 변화시키는 단계를 밟아갈 것이다. 이것은 다시 온실가스의 대기 배출량을 변화시킬 것이며 그리하여 온실가스가 우리 기후에 끼치는 영향도 변화할 것이다. 그러므로 지구 시스템의 모형을 사용할 때에는 통합된 접근만이 합당하며, 그래야 기후만이 아니라 지구 기후 변화의 사회적 · 경제적 측면까지 계산할 수 있다. 심각한 기후 변화를 막기 위해서 온실가스의 지구적 배출은 앞으로 100~200년 안에 지금 수준과 비교해 극적으로 줄어들어야 한다. 그러나 허둥댈 필요는 없다. 기후는 관성을 지니기 때문에 장기적인 전략에 반응할 것이다. 다시 말해 다음 수십 년 동안의 기후 전개 과정에 우리 인간이 근본적인 영향력을 행사하는 일은 이미 불가능하다는 뜻이다. 오늘날 우리는 그 이후에 찾아오는 기후의 전개 과정에 대비해야 한다.

이런 일은 다른 두 가지 시뮬레이션에서 볼 수 있다.(그림 30) 이 모형에서는 기후 변화의 비용을 이에 상응하는 '감축 비용'과 비교하고 있다. 예를 들어, 온실가스 배출량을 감축하는 신기술을 도입한다면 여기에는 재정 지출이 요구된다. 반대로 기후 변화로 홍수나 가뭄 같은 피해가 발생한다면 여기에도 돈이 들어간다. 그러므로 두 종류의 비용을 고려해 기후와 경제의 절충을 보여주는 '최적의' 배출 경로를 계산하는 것이 합당하다. 세계경제에 변화가 일어나는 데

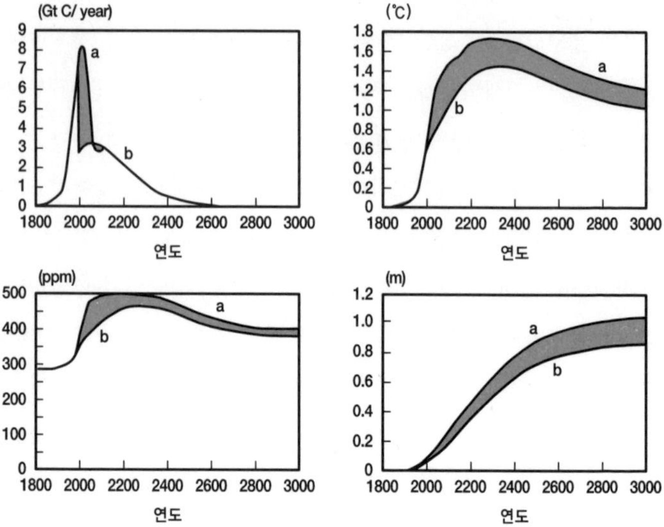

그림 30 경제적 관성을 고려했을 때(곡선 a)와 고려하지 않았을 때(곡선 b)에 계산된 이번 1000년간의 최적 행동 경로
이산화탄소 배출량(Gt C/ year), 이산화탄소 농도(ppm), 지구 평균온도(℃), 지구 평균 해수면(m)에 대한 모형의 최적값이 그려져 있다. 모든 변수는 산업혁명 이전 값과 비교해 제시된 것이다.

에도 시간이 걸리고, 또한 변화하지 않을 때의 비용도 급속히 상승할 것이다. 발전소와 발전기는 수십 년이라는 전형적인 수명 주기를 지니기 때문에 하룻밤 사이에 대체될 수는 없다. 그렇게 한다면 경제적으로는 합당하지 않고 크나큰 경제적 혼란을 초래할 것이다. 그것은 누구도 원하는 바가 아니다. 그러므로 특정한 경제적 관성을 계산에 넣어 통합적으로 고려하는 방법이 더 합리적이다. 이런 보고서의 이점은 그것이 단기적으로 세계경제에 너무 큰 부담을 지우지 않으면서도 기후를 될수록 많이 보존하자는 최적 전략의 발전을 도모한다는 점이다.

경제적 관성을 고려하지 않을 때에는 배출량을 50퍼센트까지 즉각 감축할 수 있으며, 이에 비해 경제적 관성을 고려했을 때에는 배출량이 몇 십 년 동안 사실상 지속적으로 상승하다가 이후에 눈에 띄게 하락한다. 두 가지 시뮬레이션을 비교하여 얻을 수 있는 흥미로운 결과는 계산된 기후 변화가 서로 아주 크게 다르지 않다는 점이다. 중요한 것은 배출량이 장기적으로 현저하게 감축될 것이냐의 문제임은 분명하다. 돌진형의 경로를 취한다고 해서 엄청난 효과가 생기지는 않을 것이며, 그래서 그런 경로는 요구되지 않는다. 결정적인 목표는 장기적으로 대략 100년의 기간에 걸쳐 온실가스 배출을 현저하게 감축해야 하고 궁극적으로 제로 수준으로 떨어뜨리는 것이 되어야 한다. 비록 두 가지 전략이 오는 20~30년 동안에는 매우 다르게 나타나겠지만, 그것이 기후 변화에는 거의 영향을 끼치지 않는다. 두 가지 시뮬레이션에서는 모두 온도 변화를 섭씨 2도 이내에서 유지할 수 있으며 해수면 상승은 1미터 정도에서 안정된다. 이런 변화가 작은 것은 아니지만 대부분의 경우에 그 정도의 변화를 더는 막을 수는 없다. 그러므로 우리는 산업계와 함께 협력하면서 기후와 경제가 모두 거대한 혼란을 겪지 않게 보호하는 장기 전략을 세워야 한다.

이산화탄소가 대기에서 오래 머무는 잔류 시간 때문에, 기후의 반응은 이산화탄소의 구체적인 배출 경로보다는 누적되는 이산화탄소 배출량에 의해 지배된다. 그래서 몇 년간의 단기적 측정값은 기후에 사실상 아무런 역할을 하지 못한다. 요구되는 기후 보호를 교토 의정서 하나만으로는 성취할 수 없는 것도 이 때문이다. 기후의 장기적인 반응 시간을 고려할 때, 온실가스 배출량이 2012년까지 5퍼센트 줄어든다 해도 그 수치가 실제로는 대수롭지 않은 것이다. 배출량이 2012년 이후에도 지속적으로 줄어들어야만 온실가스의 대기 함량이 안정되고 점진적으로 줄어들 것이다. 그러므로 각국이 그럴듯한 유리한 지위를 차지하려고 겨루는 숫자놀음은 의미 없는 일이다. 배출량이 5퍼센트까지 줄어들든 4퍼센트까지 줄어들든 장기적인 기후의 전개 과정을 볼 때에는 의미가 없다. 기후회의에서 퍼센트를 두고서 옥신각신하는 일은 그만두어야 한다. 대신 우리는 기후 문제의 장기적인 속성을 응시해야 하며, 모든 나라의 지지를 얻을 수 있는 기후 보호의 장기 전략을 개발해야 한다. 여기에서 특별히 중요한 것은 재생 가능 에너지를 도입하는 일이다.

기후 문제, 어떻게 다루어야 하나

기후에 관성이 있다 함은 기후가 기본적으로 장기 전략에 따라서만 반응함을 뜻하기 때문에, 심각한 기후 변화를 피하는 효과적인 기후 보호 과정을 시작하는 일이 지금도 아주 늦지는 않았다. 이런 점에서 재생 가능 에너지의 개발, 무엇보다도 태양에너지의 개발이 중요하다. 새로운 테크놀로지는 다가오는 수십 년 안에 점진적으로 개발할 수 있고, 또 경제에 중요한 장애를 주지 않고서 응용할 수 있다. 다음번 기후회의는 재생 가능 에너지의 획기적 성공을 전 세계에 어떻게 고무시킬 수 있을지에 관해 합의하는 기회로 삼아야 한다. 단기적으로는, 지금 수준에서 교토 의정서의 목표에 기여할 수 있도록 에너지를 절약하고 에너지를 효율적으로 사용하는 일에 노력을 집중해야 한다. 특히나 산업화 국가에서는 에너지를 절약할 수 있는 엄청난 잠재력을 작동시키지 않고 있다.

기후 문제는 전 세계가 직면한 문제이기 때문에 이들 요구는 모든 나라에 해당한다. 온실가스가 어디에서 처음으로 배출되었는지는 상관없이 국경을 따지지 않고 언제나 전 지구적 영향을 끼치고 있다. 그래서 모든 나라들이, 특히나 온실가스의 2대 배출국 미국과 중국이 기후 보호에 참여하는 일은 중요하다. 두 나라는 여전히 교토 의정서에 참여하기를 완강하게 거부하고 있다. 오존 구멍에 관한 이야기는 여러 측면에서 우리 인간이 환경 문제를 다루는 방식이 어떠한지 그 전형을 보여주는 것 같다. 우리는 종종 환경 문제를 초기 단계에서 인지하지만, 용기 있게 그 문제에 접근해 문제를 해결하는 데에는 실패한다. 심각한 일이 생기기 전까지는 깨닫지 못하고 있다. 이성만으로 충분하지 않은지, 고통이 코앞에 닥쳐야만 깨닫는다. 다른 이해집단 간의 토론은 끝없이 늘어지고 정치적 정책결정자들은 마비된다. 환경집단은 경고하지만 산업계는 문제를 인식하지 못한다.

그러나 우리는 이러한 주저함을 다른 정치 영역에서도 보고 있는데, 독일의 예만 보아도 그러하다. 그것이 건강이나 사회 안전 정책일 때에도 우리는 문제에 대해 너무 늦게 대처한다. 변화한 시대의 우리 사회구조는, 예컨대 어제 막 발견된 것이 아닌 데도 말이다. 기후 문제가 지구 차원의 정치 무대에서 다루어지는 방식도 이와 비슷하다. 모든 사람이 환경 보호에는 찬성한다고 입을 모아 말하지만 행동에는 극소수만이 나선다. 우리 도로 위의 스포츠 유틸리티 차량 SUV들이 그것을 보여준다. 또한 우리는 환경 친화적인 제품에 더 높은 가격을 지불하는 일은 꺼린다. 가솔린 가격에 관한 끝없는 토론이 이를 충분히 보여준다. 지속가능성이라는 말은 되풀이되지만, 시민도, 대표자도 사실 지속가능한 방식으로 행동하지 않는다. 그래서 의식의 근본 변화가 필요하다. 지속가능한 행동이 우리 모두에게 당연한 일이 되어야 한다.

가장 중요한 화석연료인 석유는, 특히 환경을 대하는 우리의 무책임함을 잘 보여준다. 석유를 채취하는 동안에 바다와 토양은 오염된다. 석유는 가장 기본적인 안전 표준도 거치지 않은 유조선에 담긴 채 수천 킬로미터 거리를 지나 운송되며, 미숙련 저임금 노동자들에 의해 다루어진다. 그래서 해마다 유조선과 관련해 최소 한 건의 심각한 사고가 일어나는 것도 놀라운 일이 아니다. 반복해서, 원유 누출 사고로 인해 우리가 눈으로 보기 힘든 바닷속은 말할 것도 없고 전체 해안 지역이 황폐화하고 있다. 원유로 뒤덮인 바다새의 모습이 세계 전역으로 방영된다. 우리는 충격을 받고 심란한 마음을 떨칠 수가 없다. 하지만 2주 정도만 지나도 그런 주제는 미디어와 우리 마음에서 모두 사라지고 만다. 그 뒤에는 전과 같은 일상이 다음 사건이 발생할 때까지 계속된다. 그리고 결국 우리는 원유를 연소하여 해마다 수십억 톤의 온실가스 이산화탄소를 대기에 배출한다. 에어로졸 같은 다른 오염원으로 대기를 더 오염시킨다. 이제 우리는 우리 지구를 쓰레기 더미로 만들 수는 없다. 기후 문제는 대처해야 하는 여러 환경 문제 중 하나일 뿐이다. 우리는 공기를 더럽힐 뿐 아니라 땅과 바다도 망가뜨리고 있다. 우리가 대기에 쏟아붓는 이산화탄소를 바다가 더 많이 흡수하면서 바다 산성화는 훨씬 더 심각해진다. 환경오염은 세계 정치에 너무도 큰 도전이 되고 있기에, 우리의 환경 문제를 정면으로 다루기가 가능하기는 한지 그런 물음도 제기된다. 환경 쟁점을 제기하고 환경정책에서 혁명을 실천할 인물이 세계무대에 진입하는 일은 중요하고도 도움이 되는 일이 될 것이다.

그런 인물이라면, 모든 불확실성이 여전히 있고 앞으로도 있겠지만, 그래도 실행할 때가 이미 왔음을 인식해야 할 것이다. 많은 정치인은 지구 기후 변화에 대해 더 많은 연구를 하고 나서 진짜 정확한 예측을 해야 한다고 주장하기를 좋아한다. 특히 미국에서는 불확실성을 거론하며 아무런 결정도 내리지 않는 것이 정치적 전략이 되었다. '절대적 확실성'이 언젠가 나타나리라고 기대한다면 오산이다. 지구 기후 변화를 예측하는 일 자체가 불확실성의 속성을 지닌다. 그렇다고 해서 기후 문제에 대처하는 일을 미루어서는 안 된다. 우리는 오늘날 기후 문제에 관해 충분할 정도로 알고 있으며 사전예방의 원칙 하나만으로도 우리가 행동에 나설 이유가 있다. 우리는 지금 기후 문제의 짐을 후세대에게 넘기고 있을 뿐이다. 오늘날에 인식할 수 없는 놀라운 일이 장차 벌어질 수 있음을 명심해야 한다. 이와 관련해 오존 구멍의 문제는 경고를 던지는 사례이다. 다른 경고성 사례로는 2003년 독일의 여름철 폭염과 2005년 대서양 전반에 이례적으로 강력하게 출현한 허리케인을 들 수 있다. 지구 기후 변화를 생각하더라도 그 정도로 강력한 허리케인은 예상하지 못했다.

우리는 이산화탄소 농도가 지난 80만 년 동안 오늘날처럼 높았던 적이 없음을 알고 있다. 이미 오래전에 실험물리학과 이론물리학에서 이산화탄소와 그 밖의 미량기체가 지구에서 나오는 열복사를 흡수하며, 그 결과로 지표면과 하층 대기가 더워진다는 것을 입증한 바 있다. 더는 자연적인 과정만으로 최근 수십 년의 기온 추세를 설명할 수는 없다. 갈수록 인간은 지구 기후를 결정하고 있다. 어쨌든 온실가스 농도가 매우 빠르게 상승한다면 지구가 전례 없을 정도로 데워질 것임은 논란의 여지가 없다. 이는 명백한 사실이며 모든 과학자들이 동의한 사실이다. 물론 불확실성은 존재한다. 그러나 그런 불확실성은 부차적인 중요성을 지니며, 그 때문에 지금 기후 보호 조처를 취하지 않는 게 정당화되지는 않는다. 관련된 모든 사람들 각자한테서 후속 행동이 나와야 한다.

다시 불확실성의 문제를 다루어보자. 기후 변화 예측을 불확실하게 만드는 요소에는 주로 세 가지가 있다. 첫째는 인간이 미래에 어떻게 행동할 것이냐의 문제이다. 만일 우리가 온실가스의 지구적 배출을 눈에 띄게 억제한다면 기후 변화가 어느 정도 작은 문제로 종결될 것이라고 기대할 수 있다. 그러나 배출량을 계속 늘리면 아주 강력한 기후 변화를 맞이할 수밖에 없다. 두 번째 요인은 기후 시스템이 지닌 혼돈의 성격이다. 이 때문에 기후 예측은 언제나 확률론의 성격을 띤다. 우리는 어떤 변화의 발생에 대해 어떤 확률을 매길 수 있을 뿐이다. 절대적 확실성은 없기 때문이다. 하지만 이런 불확실성의 근원은 우리가 온실가스의 미래 배출량에 관해 알지 못해서 초래할 불확실성의 근원과 비교하면 사소하다. 마지막으로, 기후 모형 자체가 완벽하지 않다. 거기에는 오류도 있지만 오류 자체가 기후 모형을 가치 없는 것으로 만들 만큼 두드러진 것은 아니다. 인류가 지구 행성에 출현한 이래 전례 없을 정도로 지구가 데워질 것이라는 사실만으로도 충분히 중요한 문제이다. 지구 기온의 상승 폭이 섭씨 3도냐 섭씨 4도냐를 두고 논쟁하는 자체가 무의미한 것도 이 때문이다. 이는 순전히 학술적인 논의이며, 확실히 학계에서 행해져야 하는 논의이다. 정치 영역에서는 대수로운 문제가 아니다. 대부분 전문가들의 견해로 볼 때, 지구는 산업혁명 이전 시대와 비교해 섭씨 2도 이상 더워졌고 이런 변화로부터 지구를 보호해야 하기 때문이다.

그래서 우리는 불확실성을 받아들이고 함께 살아가는 법을 배워야 한다. 이것을 이해하고 이해시키는 일은 어려운 일이다. 우리 인간은 확실성에다 큰 가치를 부여한다. 둘 중 하나를 고를 수 있는 양

자택일을 좋아한다. 그러나 우리는 사실 일상생활에서 불확실성을 다루며 살고 있음을 알고 있다. 단지 인식하지 못할 뿐이다. 자동차를 운전할 때에 늘 교통사고의 작은 확률이 있지만 우리는 그 위험을 억제한다. 집 밖으로 외출할 때에도 마찬가지이다. 널빤지 하나가 당신의 머리 위에 떨어질 수도 있으니 말이다. 사실 우리 삶 전체를 놓고 보면 우리는 늘 확률을 평가하고 이에 따라 행동한다. 기후 문제에서도 마찬가지이다. 우리 인간이 이미 기후를 변화시켰을 확률은 90퍼센트를 충분히 넘는다. 일상생활에서는 그 정도로 높은 확률은 확실한 것으로 여길 것이다. 기후 문제에 관해서만 완벽한 확실성을 요구한다면 너무나 놀랄 만한 일이다. 다시 한 번 강조하여 명확하게 말하거니와, 인간의 판단으로 말할 수 있는 한 현재 인간은 전에 보았던 적이 없는 기후 변화를 일으키는 과정에 있다. 그 기후 변화는 1000년 이상 지속할 것이며 이후의 여러 세대에게 엄청난 문제를 안겨줄 것이다.

그러나 과장해서는 안 된다. 우리 행성에서 폭풍우로 일어나는 모든 것이 인간에 의해 야기되는 것은 아니다. 미디어는 지구 기후 변화에 대한 대중의 관심을 이끌어내기 위해서 극한 기상 사건을 포착하기를 좋아한다. 특히 허리케인 같은 열대 사이클론의 경우가 그렇다. 확실히 이런 폭풍우는 매우 파괴적이며 그 영향을 받는 사람들에게 큰 고통을 안겨준다. 그러나 허리케인 재해의 규모가 커진 것은 위험이 닥친 지역에 이전보다 더 많은 사람들이 살고 있었기 때문이라는 측면도 있다. 더욱이 세계는 늘 허리케인을 겪어왔음을 망각해서도 안 된다. 비록 2005년에 가장 많은 수의 허리케인이 찾아왔고 또한 관측이 시작된 이래 가장 강력했지만, 지난 150년의 관측 자료를 비판적으로 검토해 보면 통계적으로 상승이든 하강이든 어떤 유의미한 장기적 경향도 드러나지 않았다. 문제는 열대 대서양 지역의 해수면 온도에 강한 자연적 요동이 발생하고 있다는 점이며, 그것이 다시 허리케인에 영향을 준다는 점이다. 그렇다고 해서 허리케인이 지구 온난화로 인한 변화를 겪지 않는다거나, 이전 과거에 이미 그렇게 변했다는 뜻은 아니다. 지구 온난화로 인해 열대 대서양 지역에서 해수면 온도가 상승했기 때문에, 허리케인의 강도가 강해지거나 자주 발생할 가능성은 높다고 볼 수 있다. 이렇게 보면 최근 몇 년 사이에 강력한 허리케인이 발생한 사건은 우려할 만하며 온난화의 징후로 이해해야 할 것이다. 하지만 과학적 관점에서 우리 인간이 허리케인의 통계에 눈에 띄는 변화를 일으켰음이 입증된 것은 아니다.

지구 온난화의 결과로 모든 기상 과정이 반드시 동시에 변화하는 것은 아니다. 거꾸로 말해, 일부 기상 요소가 아직 변화하지 않았다거나 전혀 변화하지 않을 것이라는 사실이 지구 기후 변화를 부정하는 근거가 되지는 않는다. 어떤 변화가 인간에 의해 언제 일어났는지 입증하는 데에 중요한 요인 중 하나는 '신호 대 잡음'의 비율이다. 우리는 특정한 변화가 자연적인 요동의 범위를 벗어날 때에만 통상적이지 않은 것으로 간주한다. 그리고 그럴 때에도 인간이 실제로 변화의 원인이라는 점은 입증되어야 한다. 더욱이 우리가 여전히 지구 기후 변화에서 초기 단계에 놓여 있음을 잊어서는 안 된다. 온난화가 더 강해지기 전까지 여러 현상은 변화하지 않을 것이며 일부 현상은 다른 현상에 견주어 더 큰 관성력을 지닌 채 늦게 반응할 것이다. 이 때문에 이런 상황을 흑이냐 백이냐로 묘사하는 일은 도움이 되지 않는다. 일부는 입증할 수 있을 정도로 우리 인간을 통해 이미 변화했으며, 다른 일부는 미래에 변화할 것이다. 또 전혀 변화하지 않는 기상 측면도 존재할 것이다. 그러므로 기후 문제에서는 차별화한 고려가 바람직하다. 하나의 특정한 과정이나 측면만을 끄집어내는 단순한 주장은 인간이 어떻게 기후에 영향을 끼치는지의 문제에 답하는 데에는 적절하지 않다.

그러면 느리게 반응하는inert 지구 시스템을 어떻게 다루어야 할까? 우리는 비활성 시스템의 여러 사례에 익숙해 있다. 예를 들어 고속 열차의 정지 거리는 매우 길다. 그래서 열차 역에 도착하기 몇 킬로미터 전부터 정지 장치가 작동되어야 한다. 선박에서도 마찬가지이다. 거대한 유조선의 길을 안내하는 일에는 뛰어난 예측력이 필요하다. 기후 조절을 단순화하는 데에는 지구 시스템 모형이 쓰일 수 있다. 순수한 기후 모형과는 대조적으로, 지구 시스템 모형은 물리적이고 생물지구화학적 측면뿐만 아니라 사회적 요소, 특히 세계경제를 고려 대상에 넣는다. 아쉽게도 이러한 모형은 여전히 초기 개발 단계에 머물러 있으나, 이미 지구촌의 주요 정치적 결정에 도움을 줄 정도의 흥미로운 결과를 일부 제공하고 있다. 이와 관련하여 여러 조치는 점진적으로 전개될 수 있으며 그래서 세계경제의 불가피한 재편도 단지 몇 년 안에 완결할 필요가 없음을 이해하는 것이 중요하다.

원칙적으로 1992년 리우데자네이루의 유엔기후변화협약이 의향서 수준이었다면, 1997년의 교토 의정서는 훨씬 더 구체적이다. 교토 의정서가 실행된다면 근래 들어 처음으로 대기 중 온실가스의 급격한 증가가 눈에 띄게 억제될 수 있을 것이다.

교토 의정서에는 여전히 발전도상국들이 배제되어 있다. 산업화 이래 대기에 온실가스를 채운 것은 주로 산업화 국가들이었다. 세계 정치에 도덕이나 정의 같은 가치가 있다면, 선진국에 사는 사람들이 먼저 온실가스 배출을 감축하는 일을 시작해야 한다. 지금까지 기후 문제에 매우 적게 영향을 끼쳐온 발전도상국들에게 이 책임을 떠넘길 수만은 없다. 만일 우리가 정말로 기후 보호를 진지하게 생각한다면, 산업화 국가에 사는 사람들이 솔선수범해야 한다. 발전도상국들도 역시 기후 보호에 관심을 갖고 있다. 그 나라들은 지구 기후 변화로 인해 더 큰 영향을 받을 수 있기 때문이다. 그러나 발전도상국들은 여전히 발전을 지속하기를 원하며 그럴 권리도 있다. 이 덫에서 벗어날 수 있는 유일한 길은 산업화 국가에 사는 사람들이 효율적인 또는 훨씬 더 개선된, 전적으로 새로운 에너지 획득 기술을 개발해 발전도상국들에 제공하는 것이다. 이런 일은 태양에너지를 이용하는 기술 개발과 관련해서 특히나 중요하다. 여러 발전도상국은 자연 자원인 햇빛을 풍부하게 지니고 있다. 그러므로 산업화 국가한테는 일석이조가 될 수 있다. 한편으로 태양에너지를 더 많이 사용함으로써 지구 기후를 보호할 수 있으며, 다른 한편으로 태양에너지가 발전도상국들에 중요한 자연 자원이 될 수 있으므로, 산업화 국가는 그들에게 경제 발전의 확고한 전망을 제시할 수 있다. 이런 경로를 통해서, 선진국과 발전도상국 간의 생활수준 격차를 좁혀 이른바 '북남 갈등'을 해소할 수도 있다. 그렇게 되면 재생 가능 에너지를 활용하는 기술 개발을 통해 모든 나라가 혜택을 받을 수 있다. 이렇게 우리는 더 정의로운 세계를 향한 길에 나설 수 있을 것이다.

기후 문제를 교토 의정서 수준에 머물게 한다면 그 영향은 미미할 것이다. 이제 핵심은 후속으로 열리는 연례회의에서 규정을 강화하는 일이다. 여기에서 오존 문제가 하나의 사례가 될 수 있다. 처음에 몬트리올 의정서는 아주 유연했으나 후속 회의에서 더욱 강화되어 오늘날에는 그 의정서에 대해 믿음직한 전망을 할 수 있게 되었다. 몬트리올 의정서의 정책 조처 덕분에, 이제 우리는 오존 구멍이 앞으로 50년 안에 사라질 것이라는 가정에서 한발 더 나아갈 수 있게 되었다. 그렇지만 지구 온난화 문제는 오존 문제에 비해 훨씬 복잡하다. 사실상 우리는 화석연료의 대안을 거의 갖고 있지 못하기 때문이다. 그러므로 기후 문제를 해결하는 일에는 먼저 연구 활동과 기술에 대한 대규모 투자가 필수적이며, 그렇게 함으로써 세계경제가 장기적으로 재생 가능 에너지 쪽으로 이동할 수 있도록 해야 한다.

기후가 지닌 거대한 관성도 하나의 기회가 될 수 있다. 미국이나 중국이 몇 년 뒤에나 기후 보호에 참여해 미량기체의 배출을 감축하기 시작한다 해도 큰 차이는 생기지 않을 것이다. 기후회의에서는 기후 문제의 장기적인 속성이 인식되어야 하며 세계경제가 앞으로 수십 년 동안에 어떻게 탄소 없는 경제로 전환할 수 있을지의 문제로 관심이 모아져야 한다. 이것이 우리 모두를 위한 일이다. 화석연료는 결국 유한하며 원유 매장량도 앞으로 50년 후에는 고갈될 것이기 때문이다. 우리는 국경을 넘어 재생 가능 에너지의 혁신을 어떻게 고무시킬 수 있을지에 관해 숙고해야 한다. 수십 년 또는 수백 년이라는 긴 시간에서 생각하면, 현재 많은 나라들이 교토 의정서를 비준하는 데 장애가 되는 단기적인 경제적 이해관계는 그리 중요한 문제가 아니다. 장기적으로 볼 때 우리가 원하든 아니든 상관없이 화석에너지에 대한 의존을 멈춰야 한다는 동일한 이해관계가 얽혀 있기 때문에, 미국 같은 교토 의정서 거부국과 조화를 이루는 일도 필요하다. 전선을 강화하는 것은 아무에게도 도움이 되지 않는다. 국가 공동체가 서로 협력해야 문제를 풀 수 있다.

종종 일부 국가들은 자기 나라가 기후 변화의 영향을 덜 받고 있다는 데 안주하고 있다는 인상을 준다. 그러나 인도네시아 탐보라 화산의 사례는 지구 기후 문제가 정말 어떤 것인지 보여준다. 1815년 탐보라 화산은 근대 역사상 가장 강렬하게 분출했다. 뒤이어 몇 년 안에 북아메리카와 유럽같이 멀리 떨어진 지역도 그 영향을 받았으며, 그래서 기근과 정치적 불안이 초래되었다. 지구 기후 변화에서는 승자가 없을 것이다. 우리는 모두 패자가 될 것이다. 이는 기후 모형이 아주 명확하게 보여주고 있다. 예를 들어 잦은 이상 기상 사건은 모든 나라에 영향을 끼치며 해수면 상승은 모든 해안에 영향을 끼칠 것이다.

독일은 기후 보호에서 모범적인 역할을 할 수 있다. 우리는 그 역할을 할 만한 재정적 수단과 기술 노하우를 갖고 있다. 독일은 잘 해내고 있고, 1990년 이래 이산화탄소 배출을 23퍼센트가량 이미 감축했다. 그 절반가량은 통일 덕분이다. 새로운 연방 국가에서 낡은 기술은 현대식 공장 설비로 교체했다. 다른 절반은 '실제적인' 것이며 에너지 활용의 개선과 재생 가능 에너지 사용 같은 조처를 통해 실현했다. 예를 들어 오늘날 슐레스비히홀슈타인 주는 풍력으로 주 에너지 가운데 23퍼센트가량을 생산한다.

우리 중 다수는 여전히 1973년의 석유 위기를 기억하고 있다. 당시에 원유 공급량은 갑작스럽게 말라버렸다. 석유 위기 이후 하나의 흥미로운 추세를, 심지어 미국에서도 볼 수 있다. 지금까지 이산화탄소 배출량은 한 나라의 경제력을 보여주는 일반적인 수치인 '국내총생산'의 발전과 나란하게 나타났는데, 두 수치는 석유 위기 이후에 점차 벌어져 왔다. 석유 위기 이래로, 이산화탄소 배출량은 경제력에 견주어볼 때 상당한 정도로 천천히 상승해 왔다. 비슷한 추세가 일본에서도 관측되었다. 독일에서는 최근 몇 년 동안 배출량이 줄어들기까지 했다. 여기에서 얻을 수 있는 결론은 오로지 하나이다. 에너지 소비가 줄어들 때 경제가 침체한다는 신화는 더는 유지될 수 없다. 또한 기후 문제를 단순히 더 많은 에너지를 아끼거나 에너지 효율을 개선함으로써 다스릴 수 있다고 잘못 믿어서도 안 된다. 세계 인구는 점차 늘어날 것이며, 산업화 국가도 늘어날 것이다.

그리하여 인류의 에너지 수요는 다음 수십 년 안에 상당한 정도로 증가할 것이다. 그러므로 장기적으로 볼 때 우리 인류가 택할 길은 유일하다. 기후 문제와 줄어드는 화석 자원 문제를 배수진으로 치고서 화석연료를 태우는 방식이 아니라 다른 방식으로 에너지를 생산해야 한다.

태양에너지의 일부를 제대로 활용할 수 있다면, 원유 · 천연가스 · 석탄은 더는 필요 없을 것이다. 독일과 같이 자연 자원이 없는 나라는 혁신을 중시해야 한다. 화석에너지는 하루하루 더 비싸지고 있으며, 다가오는 장래에 화석에너지 비용의 지속적인 상승을 경험할 것이다. 지금 대안 기술의 개발을 진지하게 택하는 사람이 미래에 경제적 이득을 얻게 될 것이다. 그래서 그런 미래를 향해 나아가는 투자를 촉진해야 하며 재생 가능 에너지를 시장에 내놓으려는 더 많은 생동적인 시도를 뒷받침하는 정책이 필요하다. 다국적 석유 기업은 오래전에 이런 점을 인식했으며 이미 태양에너지에 관한 연구를 수행하고 있다. 예를 들어 BP〔영국 석유회사—옮긴이〕는 '원유를 넘어'라는 슬로건을 내세워 더 많은 재생 가능 에너지의 활용을 홍보하고 있다. 이와 비슷한 신호들이 독일 에너지 공급업체에서 나오고 있다. 산업 부문에서도 생각의 전환이 분명하게 시작되었다. 그러므로 정치계와 경제계는 이제 함께 에너지 위기를 벗어나게 하는 단계를 찾는 일에 관심을 돌려야 한다.

독일은 잘 해내고 있다. 그러나 훨씬 더 잘할 수 있다. 독일은 여전히 유럽연합 중에서 가장 큰 몫으로 온실가스를 배출하고 있다.

그렇지만 이미 독일 전력 소비의 10퍼센트 정도를 재생 가능 에너지에서 얻고 있다. 자체 통계를 보면, 이 부문은 이제 160억 유로의 재원과 고용인 16만 명의 규모로 성장했다. 2004~2005년에 바람, 물, 태양, 바이오매스에서 나오는 전력의 몫은 9.4퍼센트에서 10.2퍼센트로 상승했다. 2005년 독일 전력망에 공급된 녹색 전력은 총 620억 킬로와트시에 달했다. 1999년 '재생 가능 에너지법'이 시행되었는데, 이에 따라 에너지 공급업체는 녹색 전력을 고정 비율만큼 수용해야 했다. 독일의 총 에너지 소비(열과 전기 포함)에서 볼 때 재생 가능 에너지는 2005년에 4.6퍼센트에 달했다.(2004년 4.0퍼센트) 이처럼 2010년 목표로 제시된 '1차 에너지의 4.2퍼센트'도 이미 넘어섰다. 녹색 에너지의 주요한 원천은 여전히 265억 킬로와트시에 달하는 풍력이며, 수력(215억)과 바이오매스(100억)가 그 뒤를 잇고 있다. 태양 발전에서는 10억 킬로와트시가 생산된다. 정부의 목표는 2020년까지 전기 시장에서 재생 가능 에너지의 몫을 최소 20퍼센트로 끌어올리는 것이다.

우리는 막대한 양의 전력을 쓰고 있다. 우리는 자녀와 손자손녀들, 또 그들의 자녀들한테 온전한 환경을 남겨주어야 한다는 빚을 지고 있음을 잊어서는 안 된다. 그러므로 환경 혁명은 아래에서도 나와야만 한다. 기후 보호는 우리 각자한테서, 우리 모두에서 시작된다. 이 점을 받아들일 때 우리는 긍정적인 역할 모델로서 기여할 수 있다. 모든 사람은 각자가 기후를 보호하기 위해 무엇을 할 수 있을지 생각해야 한다. 에너지 절약은 중요한 활동이다. 자동차를 덜 운전하고, 가정에서 단열을 개선하고, 쓰레기를 줄이고, 그냥 켜 있는 음향기와 텔레비전을 끔으로써 절약해야 한다. 모든 사람이 각자 기여할 수 있다. 한 가지 문제는 환경 파괴 비용이 고의적인 환경 파괴범만이 아니라 세계의 보통사람에 의해 생겨난다는 점이다. SUV를 몰고 싶어 하는 사람은 뒤따르는 환경 비용에 대한 책임을 지지 않고도 차를 운전할 수 있다. 환경 훼손의 비용이 포함되지 않아 실제 가격보다 싸게 제품을 살 수 있는 한, 사람들은 생태 친화적인 대안 제품보다 이처럼 더 경쟁력 있는 혜택을 지속적으로 즐기게 된다. 시민이 바뀌야 한다. 환경을 덜 오염시키는 제품을 사야 한다. 우리가 지속적으로 그렇게 한다면, 산업은 놀라운 속도로 우리 행동에 맞추어나갈 것이다. 독일의 경우에는, 불행하게도 자동차 산업이 이런 자동차의 소비를 상당히 줄이겠다는 자기 의무를 다하지 않고 있다. 이때에는 생산자한테 자기 약속을 잊지 않도록 하는 데 소비자의 압력이 필요하다. 정치 지도자들도 산업계의 자발적인 의무 이행이 언제나 성공적이지는 않다는 점을 알아야 한다. 약속이 이행되지 않는다면 법령의 규제도 고려해야 한다.

우리의 의식도 바뀌어야 한다. 우리는 부적절하게 환경을 오염하는 SUV 운전자를 부러운 눈으로 바라볼 게 아니라, 경제적인 차량을 운전하면서 환경을 보호하는 사람들을 칭찬해야 한다. 물론 기업에 대해서도 마찬가지이다. 열대우림은 경고성 사례가 될 수 있다. 가장 수치스러운 환경 정책 중 하나는 열대림의 파괴가 여전히 계속되고 있다는 점이다. 지금까지 인도네시아 우림의 3분의 2가량이 잘

려나갔다. 2초마다 축구장 크기의 면적이 파괴된다. 나무를 베고 태움으로써 이산화탄소가 대량으로 배출되는 것뿐만 아니라 수많은 동물의 서식처가 파괴된다. 날마다 지구에서는 생물종이 사라지고 그들은 이제 다시 돌아오지 않는다. 이런 식으로 우리는 중요한 유전형을 파괴하고 있으며 생물다양성을 습격하고 있다. 우림의 사례는 경제적 이해가 환경의 이해를 고려하지 않음을 보여준다. 그러나 소비자는 그렇게 잘라 만든 목재 제품의 구매를 거부함으로써 열대우림의 파괴를 멈추게 하는 데 일조할 수 있다.

이런 식으로 우리 각자는 환경을 위해, 기후 보호를 위해 기여할 수 있다. 이것은 중요하다. 개인은 힘이 없다고 생각해서는 안 된다. 그 반대이다. 정책은 환경에 친화적인 방식으로 살아가는 사람들에게 보상을 해주어야 한다. 우리는 지금 자본화된 세계에 살고 있으니, 이런 보상은 돈으로 지불되어야 한다. 적극적인 접근 방법도 있다. 예를 들어, 독일 함부르크의 학교에서는 학생과 교사들한테 에너지를 절약하도록 독려하는 '50/50' 프로그램을 제도화하고 있다. 그 효과는 이산화탄소 배출 감축뿐 아니라 난방비나 다른 간접비의 절약에서 괄목할 만하게 나타나고 있다. 이렇게 해서 생긴 재정적 이득의 절반은 학교가, 나머지 절반은 시가 동일하게 배분한다. 모든 참여자가 이득을 얻는다. 함부르크 시와 학교는 물론이고 당연히 환경도 이득을 본다. 특히 학교들은 '50/50' 프로그램을 통해 재정적 유연성도 얻게 되는데, 이전에는 능력에 부쳐 살 수 없었던 물건을 사는 데 이런 돈을 쓸 수 있기 때문이다. 학생과 교사들한테 이

제도는 에너지를 될수록 아끼게 만드는 크나큰 동기가 된다.

독일처럼 수출을 중심으로 하는 나라에서 혁신은 생명줄이다. 독일 경제는 국제적 차원에서 볼 때 언제나 상대적으로 강한 쪽에 속해 있다. 예를 들어 독일은 여전히 나라 밖에서 수요가 많은 훌륭한 자동차를 만들고 있다. 그러나 이것으로는 충분하지 않다. 다른 나라들이 따라붙어 마찬가지로 훌륭한 차량을 만들고 있다. 몇몇 나라는 상당한 정도로 더 싸게 차량을 생산한다. 그리고 일부 나라는 이미 독일을 추월했다. 하이브리드 자동차들이 독일이 아니라 일본에서 생산되는 이유는 이해하기 힘들다. 하이브리드 기술, 즉 내연 엔진과 전기 엔진의 결합은 전망이 밝은 에너지 절약형 추진 기술이다. 이 기술은 관성 주행을 하는 동안에 낭비되는 에너지를 전력으로 변환해 준다. 하이브리드 차량에 대한 수요는 매우 높다. 이런 사례는 효율이 높은 기술을 개발하는 나라들이 어떻게 오늘날 지구촌 세계에서 경쟁력 있는 이점을 지니게 되는지 보여준다. 독일의 실직자들을 보면 알 수 있다. 독일은 저임금 국가와는 결코 경쟁할 수 없을 것이다. 그러므로 이런 전쟁에 끼어드는 것은 아무런 의미가 없다. 분명한 점은, 특히 독일의 자동차 산업계가 미래에 어떤 종류의 차량이 필요한지 인식해야 한다는 것이다. 아쉽게도 여전히 차량의 크기에만 관심이 쏠려 있고 지능형 기술에는 관심이 너무 적다.

앞으로 수십 년 안에 닥칠 가장 중대한 도전 중 하나는 에너지 문제이다. 이는 갈수록 더욱더 분명해지고 있다. 우선 화석에너지의 비용이 하늘로 치솟고 있고, 이에 더해 정치적 격동이 등장하기 때문이다. 후자는 지금 '이란 위기'에서 분명하게 나타나고 있다. 재생 가능 에너지의 개발에서 최전선에 서 있지 않는 이들은 경제 경쟁력을 완전히 상실하게 될 것이다. 그러므로 우리는 이 분야를 개척하는 일에 직접적인 관심을 가져야 한다. 당연히 우리는 미래에도 자동차를 생산할 것이다. 그러나 그 추진 장치는 혁명을 이루어야 한다. 예컨대 연료전지 같은, 이런 방향에서 나타나는 첫 번째 긍정적 수단이 있다. 그러나 온실가스 배출을 피하고 기후를 보호하기 위해, 이 기술에 쓰이는 수소가 재생 가능한 방법으로 생산되어야 한다. 이것으로는 충분하지 않다. 당연히 사막의 태양에너지를 활용하는 게 쉬워질 것이다. 많은 기업에서 이런 일을 해내기 위한 계획을 준비하고 있다. 그러나 더 멀리 내다보아야 한다. 독일에서는 일 년 내내 태양에서 에너지를 얻고 있다. 그러므로 도전해야 하는 과제는 사막의 태양을 활용하는 방법이 아니라 지금 이곳의 강렬하지 않은 태양에서 에너지를 얻는 방법에 있다. 우리는 혁신을 이루어내야 하며 새로운 기술을 개발해야 한다.

이런 일에서 중요한 역할이 학교와 대학 교육에 있다. 혁신은 그 나라의 시민들한테 달려 있다. 아쉽게도 재생 가능 에너지를 집중적으로 다루는 연구 분위기가 없다. 이런 부문의 개발에 대한 투자를 늘려야 한다.

혁신은 복지를 보장하는 유일한 길이며, 기후 문제를 해결하는 유일한 길이다. 다양한 분야에서 제시되어 확산하는 여러 가지 '지구공학적 해결책'에 의지해서는 안 된다. 예를 들어 이산화탄소를 심해에 저장하자는 제안이 있지만, 우리는 언제나 문제의 뿌리를 바라보며 대처해야 한다. 지구 온난화에서 문제의 뿌리는 바로 온실가스 배출을 감축하는 것이다. 지구는 극도로 복잡한 시스템이다. 우리가 지구 시스템에 개입할 때에는 언제나 새로운 결과들이 놀라움을 던져주고 있다. 우리가 이산화탄소를 심해에 저장한다면, 그 아래에 사는 생명은 위험에 처할 수 있다. 바다 깊숙한 곳의 유기체들이 지표면의 생물처럼 잘 발달해 있지 않을 수도 있지만, 우리는 이런 생명에 신세를 지고 있다. 더욱이 지금 우리가 알지 못하는 다른 결과들이 초래될 수도 있다. 다른 사람들은 구름 면적을 더 넓히면 지구를 식힐 수 있을 것이라며 대기에 특정한 물질을 뿌려야 한다고 주장한다. 그리고 다른 이들은 또 태양복사를 분산하기 위해서 거대한 반사거울을 우주 공간에 쏘아 올려야 한다고 제안한다. 그런 실험에는 누구라도 반대의 경고를 할 수 있다. 우리는 지구를 일상생활의 어떤 것처럼 다룰 정도로 지구 시스템을 잘 이해하고 있다고 믿어서는 안 된다. 우리는 인간이 일으킨 교란을 될수록 빠른 시간 안에 제거해야 한다. 오늘날 우리가 아는 모든 지식에 따르면, 그렇게 한 뒤에도 지구 시스템은 점차 수십 년에 걸쳐 회복될 수 있을 것이다.

기후 문제는 해결할 수 있다. 행동할 시간은 아직 있다. 지구에 온난화가 어느 정도 일어나는 것을 더는 막을 수 없다 하더라도 극단의 변화는 여전히 막을 수 있다. 그렇게 하려면 민주적인 사회에서는 보기 힘든 무언가를 해내야 한다. 정치, 산업, 시민이 모두 협력해야 한다. 각자의 나라에서, 그리고 지구촌에서 그렇게 해야 한다.

기후 문제는 아직 해결되지 않은 다른 지구촌 정책 문제를 보여주는 하나의 증후이기도 하다. 다시 말해 궁극적으로 우리는 지구촌의 모든 정치적 문제를 다 함께 풀어나가야 한다. 지속가능성은 이런 중요한 맥락에서 이해되어야 한다. 지구 시스템의 모든 요소에 영향을 끼치고 있는 인간 행위를 우리가 모니터링할 수 있을 때, 비로소 우리와 자연이 더불어 조화롭게 살 수 있다.

용어 설명

간빙기 interglacial 지구 역사에서 심각한 기후 변화는 여러 번 일어났다. 더 추운 시기가 빙하기이며 더 따뜻한 시기가 간빙기이다. 우리는 지금 간빙기에 살고 있다. 최근에 있었던 주요한 간빙기는 대략 12만 5000년 전에 있었던 에미안 간빙기였다.

교토 의정서 Kyoto Protocol 교토 의정서는 1997년에 통과되었다. 산업화 국가들이 2008~2012년까지 온실가스 배출량을 1990년에 견주어 평균 5.2퍼센트까지 감축해야 한다고 규정하고 있다. 2005년 2월 러시아가 비준하면서 효력이 발생했다.

권운, 새털구름 cirri 새털구름은 얼음 입자로 이루어진 높은 구름이다. 매우 엷어서 태양복사가 관통할 수 있다. 그러나 새털구름은 스펙트럼의 장파장 영역을 강력하게 흡수할 수 있다. 그러므로 새털구름의 면적이 증가하면 지표면과 하층 대기에서 온난화가 일어날 수 있다.

극지 성층권 구름 polar stratosphere cloud: PSC 극지방의 성층권에서 섭씨 영하 78도 이하의 기온에서 형성되는 얼음구름. 이 구름이 남극 상공에 오존 구멍이 발달하는 데에 중심적인 역할을 한다.

극지 소용돌이 polar vortex 극지에 나타나는 매우 안정적인 겨울 순환 체제(regime)로, 공기 덩어리의 교환을 막는다. 남극 상공의 극지 소용돌이는 특히 안정적이어서, 극지 성층권 구름의 형성에 이상적인 조건이 된다.

글라이스베르크 주기 Gleissberg cycle 지구로 들어오는 햇빛의 양은 쉽게 요동한다. 수십 년의 시간 척도로 볼 때 가장 중요한 요동은 글라이스베르크 주기이다. 대략 80년의 주기이며 태양상수의 0.2~0.3퍼센트 정도의 진폭에서 요동하는 것으로 추정된다.

기상/날씨 weather 몇 분에서 며칠에 이르는 시간 척도에 나타나는 대기 상태의 요동을 말한다.

기후 climate 좁은 의미로는 평균적인 기상을 말하며, 더 엄밀히 말하면 관련된 양을 몇 개월에서 수천 년 또는 수백만 년 동안의 평균과 변동성 측면에서 통계적으로 설명하는 것을 말한다. 세계기상기구(WMO)가 정한 평균 산출기간은 30년이다. 관련된 양은 출현 빈도가 가장 높은 지표 변수, 이를 테면 온도, 강수, 바람 등이다. 넓은 의미의 기후는 통계적 설명을 포함해 기후 시스템의 상태를 말한다.

기후 모형 climate model 물리학의 법칙을 사용하면, 실험에 쓸 수 있는 지구 모형을 만드는 게 가능하다. 기후 시스템의 발달을 기술하는 물리 방정식과 매개변수 일체를 일러 기후 모형이라고 한다. 여기에 쓰이는 수학적 방정식은 너무 복잡하기 때문에, 수치 해석과 슈퍼컴퓨터를 이용해 근사치를 구하는 방식으로 문제를 푼다.

기후 민감도 climate sensitivity IPCC 보고서에서 말하는 평형 기후 민감도(equilibrium climate sensitivity)는 대기 중 이산화탄소 농도가 2배가 된 뒤의 평형 상태에서 지구 표면 온도의 연평균 변화를 말한다. 컴퓨터 연산의 한계 때문에 기후 모형에서 평형 기후 민감도는 보통 혼합층 해수 모형과 결합한 대기 일반 순환 모형을 실행해 추정한다.

기후 변화 정부간 위원회 IPCC 기후 변화 정부간 위원회는 1988년 유엔환경

계획(UNEP)과 세계기상기구(WMO)에 의해 창설되었다. 기후 연구에 관한 과학 지식의 상황을 기록하고 지구적 정책에 관해 협의하기 위해 창설되었다. 세계적인 기후 과학자 수백 명이 IPCC 보고서에 기여하고 있다. IPCC 보고서들은 지구 기후 변화라는 주제에 관해서 가장 신뢰할 만한 전문 보고서로 여겨지고 있다.

기후 시스템 climate system 기후 시스템은 다섯 가지 주요 요소, 즉 대기, 수권, 빙권, 육지 표면, 생물권의 상호작용으로 이루어진 매우 복잡한 시스템이다. 기후 시스템 자체의 역학을 지니며, 화산 분출, 태양 변동 같은 외부강제력과 대기의 성분구성 변화, 토지 용도 변화 같은 인위적 강제력으로 인해 시간이 지나면서 서서히 전개된다.

기후 하위 시스템 climate subsystem 기후 시스템은 기후 하위 시스템이라고 하는 다른 요소로 구성된다. 그중에서 가장 중요한 하위 시스템은 대기, 바다, 빙권과 생물권이다. 여러 가지의 기후 하위 시스템은 매우 다른 시간 척도를 지니며 서로 밀접하게 연계되어 있다.

대기 atmosphere 지구를 감싸고 있는 기체층. 행성의 대기는 행성의 기후에 결정적인 영향을 준다. 예를 들어 금성의 표면은 매우 뜨거운데, 금성 대기의 대부분이 이산화탄소로 이루어져 있어 매우 강한 온실효과가 일어나기 때문이다.

대류권 troposphere 대기에서 가장 낮은 층. 지구 표면에서 대략 10~15킬로미터 고도에 있는 대기층으로, 대류권의 고도는 위도에 따라 달라진다. 대류권에서 중요한 기상 현상이 일어난다.

라니냐 La Niña 엘니뇨/남방진동(ENSO) 현상 중에서 차가운 단계를 말한다. 라니냐는 적도 태평양의 이상 냉각으로 나타나며 엘니뇨와 마찬가지로 세계 기후에 영향을 끼친다.

로렌츠 모형 Lorenz model 세 가지 성분을 지닌, 단순하고 비선형적인 개념 모형. 이에 기초해서 기상과 같은 카오스 시스템의 몇 가지 특징을 연구할 수 있다.

매개변수parameter 기후 시스템의 전개 과정을 기술하는 수리방정식의 근사적인 (수치) 해법은 특정한 계산 격자에서 수행된다. 예를 들어 구름의 형성처럼 격자 그물눈보다 더 작은 척도를 지니는 물리 과정은 여기에서 분명하게 담아낼 수 없다. 그래서 이런 과정은 격자점에서 얻을 수 있는 (매개변수 처리된) 정보를 사용해 표현해야 한다. 지구 기후 모형의 전형적인 격자 폭은 수백 킬로미터 정도이다. 작은 척도를 지니는 물리 과정의 매개변수화는 기후 모형에서 불확실성의 가장 중요한 원천 중 하나이다.

몬트리올 의정서 Montreal Protocol 오존층 보호를 위한 국제 협정. 1987년 통과되었다. 그 이후 더욱 엄격해진 규정과 더불어 몬트리올 의정서는 염화불화탄소(CFC) 배출을 규제한다. 몬트리올 의정서 덕분에 성층권의 오존층이 장기적으로는 복원될 수 있을 것이라는 기대가 있다.

무역풍trade wind 아열대에서 적도 지방 쪽으로 향하는 바람 시스템. 적도에 가까울수록 무역풍의 서향 성분이 강해진다. 적도 지방 부근의 무역풍은 바다와 대기의 상호작용에서 중요한 구실을 한다. 엘니뇨와 라니냐의 등장에도 중요한 구실을 한다.

미량기체trace gas 지구 대기의 주요 성분은 질소(78퍼센트)와 산소(21퍼센트)이다. 나머지 기체들은 농도가 낮기 때문에 '미량기체'라고 한다. 수증기와 이산화탄소와 같은 수많은 미량기체는 지상 기후에 결정적인 영향을 끼친다.(온실효과)

밀란코비치 이론 Milankovitch theory 빙하기의 주기를 설명하는 이론. 태양 둘레를 도는 지구의 경로와 지구 자전축의 기울기 특성은 장기 진동을 보여주는데, 이것이 지구 기후에 영향을 끼친다.

바다 산성화ocean acidification 인간이 배출하는 이산화탄소의 일부는 바다에 유입되어 바닷물의 산성화(pH 수치의 하락)를 초래한다. 산성화 영향은 이미 측정되고 있다. 1800~1995년을 통틀어, 바다는 화석연료에서 배출되어 누적된 이산화탄소의 48퍼센트가량, 또는 토지 용도 변경으로 인한 것을 포함해 인간 유래의 이산화탄소 배출량 중 27~34퍼센트를 흡수했다. 산업화가 시작된 이래 pH 수치는 이미 0.11 단위 정도가 떨어졌다.

배출 emission 배출이라는 용어는 두 가지 다른 측면에서 사용된다. 첫째, 인간에 의한 온실가스의 방출을 인간 유래 배출이라고 한다. 둘째, 물질은 온도에 따라 전자기파 복사를 방출하는데, 이미 알려진 방출 현상을 말한다.〔이 책에서는 emission을 배출, 방출 두 가지로 번역했다.—옮긴이〕

브라운 운동 Brownian motion 큰 입자들이 작은 입자들과 우연히 충돌할 때 느리게 운동할 수 있음은 이론물리학에서 잘 알려져 있다. 이런 브라운 운동의 원리는 기후 시스템을 설명하는 데에도 사용된다. 기후 시스템은 매우 다른 시간 척도를 지닌 요소로 이루어져 있다. 예컨대 고주파의(빠른) 무작위 기상 요동이 훨씬 비활성인 요소(예컨대 바다)에 통합될 수 있으며, 그래서 해수면 온도에서 저주파의(장기간의) 요동을 초래할 수 있다.

비선형성 nonlinearity 원인과 결과 사이에 간단한 비례 관계가 없는 과정을 비선형적(nonlinear)이라고 한다. 기후 시스템은 그런 비선형적 과정을 많이 포함하고 있어 결국은 잠재적으로 매우 복잡한 거동을 보이는 시스템이 된다. 그런 복잡성은 돌발적 기후 변화를 일으킬 수 있다.

빙권 cryosphere 지구의 모든 얼음을 포함하는 기후의 하위 시스템. 빙권의 요소에는 바다얼음, 빙상, 빙붕, 산악빙하, 눈 덮인 지표면 등이 포함된다.

빙붕 shelf ice 육지의 빙상이 확장하다 보면 바다 쪽으로 잘 튀어나온다. 물 위에 떠 있는 빙상 부분을 빙붕이라고 한다.

빙하 분리 ice calving 빙상에서는 늘 조각들이 떨어져 직접 바다로 들어간다. 이런 '분리' 과정은 지구 온난화로 진행되어 해수면 상승을 초래한다. 빙하 분리는 바다의 소금 농도에도 영향을 줄 수 있기 때문에 바다의 일반 순환에도 중요하다.

빙하기 주기 ice age cycle 수천 년 단위로 볼 때 지구의 역사는 강한 기후 변동을 경험해 왔다. 가장 두드러진 요동은 빙하기이다. 대략 100,000년, 41,000년, 19/23,000년 같은 다른 주기를 볼 수 있다. 이 빙하기들은 지구 궤도의 매개변수에 나타나는 점진적 변화 때문에 유도되는데, 지구궤도는 정확하게 이런 주기들을 보여준다. 지구 시스템에서 양의 되먹임 메커니즘은, 예컨대 온실가스 농도의 변화 과정에서 그런 것처럼 서로 증강하는 효과를 낸다.

생물권 biosphere 지구 시스템의 요소 중 하나로, 기후에 중요한 영향을 끼친다. 생물권은 기후에 직접 영향을 주기도 하며(예컨대 식물의 알베도를 통해) 물질 순환을 갖춘 되먹임 메커니즘으로 간접 영향을 주기도 한다.(예컨대 이산화탄소의 발생 또는 흡수)

생물지구화학적 되먹임 biogeochemical feedback 대기, 바다, 빙권(얼음권)으로 구성된 물리적인 기후 시스템은 다른 지구 시스템의 요소(식물, 탄소 순환 등)와 상호작용을 한다. 이런 요소들이 물리적인 기후 시스템에 행하는 되먹임 메커니즘을 생물지구화학적 되먹임이라고 한다. 예컨대 빙하기에는 대기 중 이산화탄소 함량이 상대적으로 낮았던 터라 온실효과가 감소하고 냉각효과가 증폭했다.

성층권 stratosphere 수직의 온도 분포로 볼 때 지구 대기는 몇 개 층으로 나뉜다. 고도 10~15킬로미터까지 이르는 가장 낮은 층은 대류권(troposphere)으로 알려져 있다. 그 위에 있는 것이 성층권이다. 성층권은 대략 50킬로미터의 고도까지 이른다. 성층권에는 지상 생물이 살아가는 데 아주 중요한 오존층이 있다.

수증기 되먹임 water vapor feedback 대기 온도의 초기 변화는 결국 수증기 농도의 변화를 초래한다. 수증기가 온실가스이므로, 이런 변화가 온도에 끼치는 의미는 크다. 수증기 되먹임은 일반적으로 양의 효과, 즉 증강하는 효과를 지닌다. 인간이 촉발한 지구 온난화의 결과로, 수증기의 대기 중 함량도 증가한다. 수증기를 흡수하는 공기의 용량이 온도에 따라 증가하기 때문이다. 대기 중 수증기가 많아질수록 온실효과는 더 강해진다. 그러므로 수증기 되먹임은 인간 유래 온실가스 배출의 효과를 증강한다.

슈바베 주기 Schwabe cycle 지구에 열을 전달하는 태양복사의 주기를 변화시키는 11년의 태양흑점 주기를 말한다. 11년 태양흑점 주기의 진폭은 전체 태양복사 중 0.1퍼센트가량이다.

스펙트럼의 열 영역 thermal range of the spectrum 태양과 비교하여 지상의 온도는 상대적으로 차갑다. 그러므로 지구에서 방출되는 전자기파 복사는 스펙트럼에서 주로 비가시광선인 적외선 영역에 있다. 이것을 스펙트럼의 열 영역이라고 한다.

알베도 albedo 어떤 물질(분자, 구름, 지표면, 해수면 등)이 태양복사를 반사해 내는 반사율. 밝은 표면에는 알베도가 높고, 어두운 표면에서는 알베도가 낮다.

에어로졸 aerosol 대기 중 고체나 액체 입자의 집합. 전형적인 크기는 0.01~10마이크로미터이며, 최소 몇 시간 동안 대기 중에 잔류한다. 자연적으로 또는 인위적으로 발생할 수 있다. 에어로졸은 기후에 영향을 줄 수 있는데, 복사를 산란하거나 흡수함으로써 직접 영향을 주거나, 구름 응결핵으로 작용하거나 구름의 광학 특성과 수명을 변화시킴으로써 간접 영향을 준다.

엘니뇨 El Niño 가장 강력한 단기간의 기후 요동이다. 엘니뇨는 적도 태평양에서 일어나는 거대 규모의 온난화 현상으로 밝혀졌다. 평균 4년에 한 번씩 나타나 전 세계에 이상 기후를 불러일으킨다. 엘니뇨 현상은 '엘니뇨/남방진동(ENSO)'이라는 주기의 일부이다. 이 주기에서 차가운 단계는 라니뇨라고 한다. ENSO를 예측할 수 있게 되면서 계절예보에서 획기적 진전을 보았다.

열염 순환 thermohaline circulation 거대한 양의 열을 실어나르는 바다의 컨베이어 벨트. 북쪽의 고위도 지역(그린란드 해, 래브라도 해)에서는 차갑고 짠(그래서 밀도가 높은) 물이 가라앉아 심연으로 적도를 향해 흐른다. 따뜻한 물은 해수면을 따라 북쪽으로 흐른다. 이런 주기적인 운동을 열염 순환이라고 한다. 북부 유럽의 기후에 가장 중요한 요인이다. 멕시코 만류는 열염 순환의 일부이다.

염화불화탄소 chlorofluorocarbon : CFC 인공적인 산물로, 인간을 통해서만 대기로 유입되어 오존층을 파괴할 수 있다. 또한 CFC는 인간 유래 온실효과에도 기여하며 결국에는 대기의 지구적 온난화에 기여한다.

오존 ozone 오존은 산소 3원자로 구성되어 있다. 대부분 오존은 성층권(대략 고도 15킬로미터 이상)에서 생긴다. 성층권의 오존층은 생물에 해로운 자외선 복사를 흡수하기 때문에, 자외선은 성층권을 통과하며 훨씬 약해진 상태로 지표면에 도달한다. 인간도 오존을 만들어내는데, 특히 여름에 전형적인 스모그 날씨의 상황에서 그렇다. 지표면의 오존과 성층권의 오존을 혼동해서는 안 된다.

오존 구멍 ozone hole 해마다 봄이 시작될 때 남극 상공에서 오존층이 광범위하게 얇아지는 것이 관측된다.(남반구의 봄은 9월에 시작해 11월까지 이어진다.) 오존 구멍 현상은 인간에서 비롯한 것이다. 인간 유래의 CFC 배출이 오존층 파괴의 주 원인이다.

온실가스 greenhouse gas 온실효과에 관여하는 미량기체를 말한다. 자연적인 온실효과에서 가장 중요한 온실가스는 수증기인데 대략 60퍼센트의 몫을 차지한다. 우리 인간이 일으키는 '인간 유래' 온실효과에서는 이산화탄소가 가장 중요한 구실을 하며 대략 60퍼센트의 몫을 차지한다.

온실효과 greenhouse effect 대기에 있는 특정한 미량기체는 스펙트럼의 열 영역에 있는 전자기파 복사를 흡수하고 방출하는데, 그래서 지표면과 하층 대기에 추가적인 온난화를 일으킨다. 자연적인 온실효과의 규모는 대략 섭씨 33도이다. 인간은 기후와 관련한 이산화탄소 같은 특정한 미량기체의 농도를 증가시킴으로써 지구 온난화를 일으키는 온실효과를 증강해

왔다.

외부 강제력 external forcing 기후 시스템 밖에서 기후 시스템에 변화를 일으키는 강제력의 요소. 화산 분출, 태양 변동, 대기 성분구성의 인위적 변화, 토지 용도 변경은 모두 외부 강제력이다.

유동학 rheology 물질의 변형과 흐름에 대한 연구 분야. 유동학의 연구 과제 중 하나는 얼음이 풍력 같은 힘의 영향을 받을 때 어떻게 거동하는지를 규명하는 것이다.

응결 condensation 물은 다양한 상태로 나타날 수 있다. 수증기 기체가 액체 물로 변하는 상전이(phase transition)를 응결이라고 한다. 응결 과정에서 방출되는 열을 '응결 열'이라고 한다. 응결은 구름의 형성에서 중요한 구실을 한다.

인간 유래의 anthropogenic 인간으로 인해 발생하거나 인간에 의해 만들어진.

자오선 온도 경사 meridional temperature gradient 열대와 극지 사이에 나타나는 온도 대비. 자오선 온도 경사는 일반 대기 순환의 구조를 결정하는 중요한 요인이다.

지각 운동 movement of the Earth's crust 지각은 단단한 껍데기가 아니다. 유연한 맨틀 위에 떠다니는 거대하고 두꺼운 판으로 나뉘어 있다. 지각은 거대 빙상의 압력을 받아 침강할 수 있으며 그 얼음이 녹으면 다시 융기할 수 있다. 스칸디나비아 반도의 어떤 지역은 지난 빙하기의 얼음 덩어리에서 풀려나면서 현재 수백 년마다 1미터 정도의 속도로 융기하고 있다.

지문 방법 fingerprint method 기후에 끼치는 인간의 영향을 식별하기 위해 고안된 복잡한 통계 절차이다. 범죄수사학과 유사하게, 이 방법은 자연의 영향이든 인간의 영향이든 기후에 대한 모든 영향은 저마다 고유한 시간-공간 구조를 드러낸다는 사실을 이용한다. 이런 종류의 지문 방법은 기후에 끼치는 인간의 영향을 입증하기 위해 오늘날에 이미 사용되고 있다.

카오스 chaos 기후 시스템처럼 비선형적 결정 등식에 좌우되는 동적인 계

(dynamical system). 초기 상태에 적시의 작은 변화만 생겨도 시간 경과에 따른 발달이 예측할 수 없을 정도로 크게 변할 수 있다.

코리올리 힘 Coriolis force 지구 자전이 거대 규모의 운동에 끼치는 효과 중 하나. 고기압권과 저기압권 안에서 바람은 기압 차이의 힘이 대체로 코리올리 힘과 균형을 이루기 때문에 등압선과 평행해 분다. 이런 현상은 지균 균형으로 알려져 있다.

태양상수 solar constant 지구 대기의 최상층에서 입사되는, 단위면적당 태양 복사량. 태양상수는 제곱미터당 1,367와트의 값을 지닌다. 태양상수는 주기적인 진동(슈바베 주기, 글라이스베르크 주기)에 따라 달라진다.

태양 스펙트럼 영역 range of the solar spectrum 모든 물체는 자신의 온도에 상응하는 전자기파 복사를 방출한다. 최대 복사의 파장은 온도에 따라 달라지는데 물체의 온도가 높을수록 방출되는 복사의 파장은 더 짧아진다. 그러므로 뜨거운 태양은 가시광선 영역에서 주로 짧은 파장의 복사를 방출한다. 태양에서 방출되는 주파수의 주요 영역을 태양 스펙트럼 영역이라고 한다.

형상 topography 해저 바닥 또는 빙상의 겉모습 형태. 바다의 지형은 해류에 중요한 경계조건이 되며, 빙상의 형태는 빙상 위쪽 대기에 중요한 경계조건이 된다.

화석연료 fossil fuel 화석연료는 석유 · 천연가스 · 석탄이다. 이것들은 수백만 년 전에 형성되었다. 에너지를 생산하기 위해 태우는 화석연료가 인간 유래의 이산화탄소 중 가장 중요한 원천이다.

흡수 absorption 물질은 전자기 복사를 '집어삼킬' 수 있는데, 그러면 일반적으로 물질은 온난화한다. 특히 중요한 것은 대기 중 어떤 기체들이 긴 파장의 복사를 흡수한다는 점이다. 이것이 온실효과의 토대이다.

참고 문헌 및 그림 출처

Bundesministerium für Bildung und Forschung: Herausforderung Klimawandel. Available from the BMBF, Postfach 30 02 35, 53182 Bonn, 2003.

Bjerknes, J.: Atmospheric teleconnections from the equatorial Pacific. In: Mon. Wea. Rev. 97, pp. 163~172; 1969.

Dijkstra, H. A.: Nonlinear Physical Oceanography. A dynamical systems approach to the large-scale ocean circulation and El Niño. Dordrecht, London, Norwell, New York, 2000.

Hasselmann, K.: Stochastic climate models. Part I: Theory. In: Tellus 28, pp. 473~485; 1976.

Hurrell, J. W.: Decadal trends in the North Atlantic Oscillation: Regional temperatures and precipitation. In: Science 296, pp. 676~679; 1995.

IPCC 2001a: Climate Change 2001. The Scientific Basis. Working Group I. Available from the IPCC, c/o WMO, C. P. 2300, 1211 Geneva, Switzerland, 2001.

IPCC 2001b: Climate Change 2001. Synthesis Report. Available from the IPCC, c/o WMO, C. P. 2300, 1211 Geneva, Switzerland, 2001.

IPCC 2007a: Climate Change 2007. The Physical Science Basis. Working Group I. Available from the IPCC, c/o WMO, C. P. 2300, 1211 Geneva, Switzerland, 2001.

IPCC 2007b: The AR4 Synthesis Report. Available from the IPCC, c/o WMO, C. P. 2300, 1211 Geneva, Switzerland, 2001.

Latif, M. and T. P. Barnett: Causes of decadal climate variability over the North Pacific and North America. In: Science 266, pp. 634~637; 1994.

Lorenz, E. N.: Deterministic nonperiodic flow. In: J. Atmos. Sci. 20, pp. 130~141; 1963.

Lozan, J., Graßl, H. and Hupfer, P. (eds.): Das Klima des 21. Jahrhunderts. Warnsignal Klima. Available from J. Lozan, Büro Wissenschaftliche Auswertungen, Schulterblatt 86, 20357 Hamburg, 1998.

Palmer, T. N.: A nonlinear dynamical perspective on climate change. In: Weather 48, pp. 314~326; 1993.

Palmer, T. N.: Extended-range atmospheric prediction and the Lorenz model. In: Bull. Am. Met. Soc. 74, pp. 49~65; 1993.

Philander, S. G.: Is the temperature rising? The uncertain science of global warming. Princeton, New Jersey, 1998.

Schmincke, H.-U.: Volcanism. Berlin, 2004.

Schönwiese, C.-D.: Klimatologie. Stuttgart, 2003.

Stommel, H.: Thermohaline convection with two stable regimes of flow. In: Tellus 13, pp. 224~230; 1961.

Sverdrup, Sc. U.: Wind-driven currents in a baroclinic ocean with application to the equatorial currents of the eastern Pacific. In: Proc.

Nat. Acad. Sci. 33, pp. 318~326; 1947.

Timmermann, A., Latif, M., Voss, R. and Grötzner, A.: Northern Hemispheric Interdecadal Variability: A coupled air-sea mode. In: J. Climate II, pp. 1906~1931; 1998.

Umweltbundesamt. Klimaänderung. Festhalten an der vorgefassten Meinung. Wie stichhaltig sind die Argumente der Skeptiker? Berlin, 2004.

Visbeck, M. et al.: Atlantic Climate Variability Experiment (ACVE), Prospectus 1998. www.ldeo.columbia.edu/~visbeck/acve.

WBGU(Wissenschaftlicher Beirat der Bundesregierung Globale Umweltveränderungen). Sondergutachten: Die Zukunft der Meere —zu warm, zu hoch, zu sauer, pp. 67~76; 2006.

기후 모델링

Promet, 2002, Jahrgang 28: 'Numerische Klimamodelle—Was können sie, wo müssen sie verbessert werden? Teil I: Das Klimasystem der Erde.'

Promet, 2003, Jahrgang 29, Heft 1-4: 'Numerische Klimamodelle—Was können sie, wo müssen sie verbessert werden. Teil II: Modellierung natürlicher Klimaschwankungen.'

대중 과학 서적

Crutzen, P. J. and Müller, M.: Das Ende des blauen Planeten? Der Klimakollaps. Gefahren und Auswege. München, 1997.

Grassl, H. (ed.): Wetterwende. Vision: Globaler Klimaschutz. Frankfurt a. M./New York, 1999.
Grassl, H. and Klingholz, R.: Wir Klimamacher. Auswege aus dem globalen Treibhaus. Frankfurt a. M, 1990.
Latif, M.: Hitzerekorde und Jahrhundertflut. Herausforderung Klimawandel. München, 2003.
Stevens, W. K.: The change in the weather. People, Weather, and the science of climate change. New York, 1999.

웹사이트

www.dkrz.de
날씨와 기후에 관한 이미지와 동영상

www.hamburger-bildungsserver.de
기후에 관한 정보 일반

www.ipcc.ch
기후 변화 정부간 위원회의 보고서

www.umweltbundesamt.de
기후 보호에 관한 정보. 회의주의자들의 의견에 관한 토론

* 본문에 실린 그림은 모두 Peter Palm, Berlin.

옮긴이의 말

기후 변화 정부간 위원회IPCC의 코펜하겐 총회가 열리기 직전인 지난 2009년 11월 영국 이스트앵글리아 대학 기후연구소CRU에 저장되어 있던 많은 이메일과 문서 파일이 해킹당해 인터넷에 공개된 이래, 이른바 기후게이트climategate 파문이 한동안 이어졌다. 기후 변화 회의론자를 중심으로 "공개된 문서 자료를 통해 지구 온난화가 인간에 의한 것이라는 주장이 과장되었음이 드러났다"는 주장이 제기되어 여러 논란을 불러일으켰다. 기후게이트는 지구 온난화의 주된 원인이 인간의 산업 활동이냐 자연스러운 지구 현상이냐를 둘러싼 논란뿐 아니라 근본적으로는 과학의 신뢰 문제까지 다시 부각시켰다.

독일 킬 대학 라이프니츠해양연구소의 기후학자인 모집 라티프의 『기후 변화, 돌이킬 수 없는가』*Climate Change: The Point of No Returns*는 지구 온난화를 둘러싸고 벌어지는 이런 최근 논란에 혼란을 느끼는 독자라면 기후 과학이 제시하는 기후 변화론이 과연 어떤 것인지 이해하기 위해 한 번쯤 읽어볼 만한 책이다. 흔히 지구 온난화와 관련해서는 과학 연구의 근거보다는 환경 재해의 이상 현상이 더 주목을 받는 일이 잦았다. 지구촌 곳곳에서 벌어지는 극한 기상이나 극지방의 빙하가 녹아내리는 장면 같은 몇몇 현상이 유난히 강조되었다. 또 '온난화' 라는 말에 얽매어 기온이 상승한다는 측면만이 지금 기후 변화의 특징인 것처럼 부각될 뿐 기후 변화가 초래하는 기후 현상의 다양성과 그런 복잡성 이면의 과학적 근거는 제대로 이해되지 못하는 경우도 많았다. 하지만 저자는 이 책에서 기후 과학이 예측하는 기후 변화가 특정한 국지적 기상 현상에서 다 드러나지 않으며 지구적으로는 온난화 추세를 보여주면서도 위도와 지역에 따라 상당히 다른 모습으로 나타날 수 있음을 보여준다.

이런 복잡한 지구 기후 시스템을 연구하는 과학의 도구는 뉴턴역학과 열역학 같은 고전 역학이며 그것이 바로 이 책의 바탕이 되는 기후역학의 과학 지식이다. 기후역학을 연구하는 지은이는 책의 제1장 '기후와 지구 시스템', 제2장 '온실효과', 제3장 '기후의 변동성과 예측', 제4장 '기후 모델링' 에서 지구의 복잡한 기후와 기상의 물리 현상을 비교적 명쾌한 법칙과 단순화한 도식으로 요령 있게 풀어냈다. 쉽지 않은 내용도 자주 등장하지만 꼼꼼하게 따져 읽다보면, 우리가 피상적으로 이해했던 지구와 기후의 역동성, 복잡성, 다양성을 이해하는 데 큰 도움을 얻을 수 있으리라 기대한다. 태양에너지가 지구에 입사해 어떻게 대류, 순환을 만들어내며, 바다, 숲, 빙하, 대기처럼 지구 기후에 영향을 끼치는 여러 요소가 어우러져 우리가 경험하는 지구 기후를 형성하는 역동적인 과정과 그 기본 원리가 무엇인지 잘 보여준다. 대기와 바다의 순환은 여기에서 중요한 요소이다. 카오스이론과 나비 효과가 어떻게 기후 모형 연구에서 바탕이 되는지, 그리고 복잡성과 불확실성이 과학 방법 안에서 어떻게 다스려지고 규정되어, 결국에는 불확실성 속에서도 일정 범위의 확실성을 이야기할 수 있는 '기후 예측'이 어떻게 가능한지 설명해 준다.

제5장 '인간이 기후에 끼치는 영향', 제6장 '미래의 기후 변화 시나리오'는 기후 과학의 원리를 설명하는 앞선 장들에서 한걸음 더 나아가 인간이 기후 변화에 지대한 영향을 끼쳤다는 점을 과학적으로 논증한다. 이산화탄소의 대기 중 농도가 어떻게 지구 기온 상승에 영향을 끼칠 수밖에 없는지, 또 그런 이산화탄소 농도 증가가 산업혁명 이래 어떻게 변화해 왔는지 여러 자료를 근거로 논증해 보인다.

제7장 '대중 담론'은 이 책에서 기후 과학을 둘러싼 여러 논쟁을 가장 직접적으로 세세하게 다룬다. '지금의 기후 변화는 주로 인간에 의해 유래되었다'는 기후 변화론에 대해 제기되는 여러 회의론의 주장에 대해 저자 라티프는 조목조목 반박하며 여러 과학적 데이터와 근거를 제시한다. 제8장 '무엇을 해야 하는가?'에서는 '지구 기후 보호를 위해 시급하게 행동에 나서야 한다'는 저자의 목소리를

훨씬 강렬하게 들을 수 있다. 그는 이해관계에 얽매여 행동에 나서기를 주저하는 일부 세계정치권을 비판하면서도, 현실의 세계경제에 큰 타격을 주지 않기 위해 감내할 수 있는 정도의 지속가능한 온실가스 감축 방안을 모색해야 한다고 말한다. 지구 온난화가 초래할 수 있는 지구적 위기를 강조하면서도, 지구 온난화의 재난이 곧바로 닥칠 것처럼 얘기하는 과장도 삼가야 한다고 경계한다. 이런 균형 잡힌 태도가 이 책의 내용에 대한 신뢰를 더 높여준다.

이 책은 본래 독일어 판으로 2007년에 출간되었다가 2009년에 영어 번역판으로 출간되었다. 하지만 지난해 말 이후 기후게이트를 거치고 난 지금 읽어도 손색이 없는 책이다. 오랫동안 쟁점이 되었으며 최근에 다시 부각된 쟁점의 여러 주제를 이해하는 데 여전히 큰 도움을 줄 만하다. 환경 재해나 이상 기후 현상에만 초점을 맞추다 보니, 정작 기후 변화 예측이 무엇을 얘기하고 있는지 자세히 들을 기회가 없었던 독자들이라면 유용한 지식과 정보를 얻을 수 있을 것이다. 좋은 책의 번역 기회를 주신 도서출판 길에 감사드리며 여러 번역 오류에 대한 독자의 질정을 겸허히 기다린다.

2010년 12월

오철우